Dieter Rams

Weniger, aber besser
Less, but better

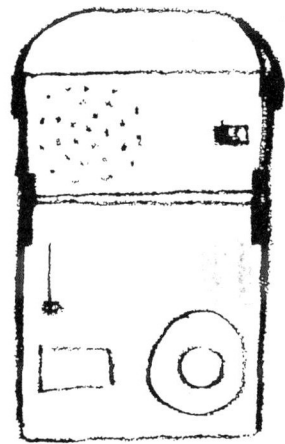

Skizze für Phonokombination TP 1
Sketch for phono combination TP 1

gestalten

Dieses Buch widme ich allen Mitarbeitern bei der Braun AG, die in den 40 Jahren meiner gestalterischen Tätigkeit im Unternehmen mit mir engagiert gearbeitet, mich unterstützt und entscheidend mitgeholfen haben, das Braun Design in seiner ursprünglichen Intention zu erhalten und für die Zukunft weiterzuentwickeln.

Dieter Rams 1995

This book is dedicated to all the staff at Braun AG who, during my 40 years of design at the company, have worked enthusiastically with me, supported me and helped me to maintain Braun design in its originally intended form and who will continue to develop it into the future.

Dieter Rams 1995

1. Auflage April 1995
2. Auflage Oktober 2002
3. Auflage Januar 2004
4. Auflage Oktober 2005
5. Auflage März 2014
6. Auflage März 2016
7. Auflage Februar 2019
8. Auflage Juni 2020
9. Auflage Juni 2021
10. Auflage Januar 2025

First edition: April 1995
Second edition: October 2002
Third edition: January 2004
Fourth edition: October 2005
Fifth edition: March 2014
Sixth edition: March 2016
Seventh edition: February 2019
Eighth edition: June 2020
Ninth edition: June 2021
Tenth edition: January 2025

Impressum

Imprint

Gestaltung und Buchausstattung: Jo Klatt
Englische Übersetzung:
Christopher Harrington, Berlin
Deutsches Korrektorat:
Romy Range, C-Value, Berlin
Englisches Korrektorat: Kimberly Bradley, Berlin
Druck und Verarbeitung: Druckhaus Sportflieger GmbH

Design and layout: Jo Klatt
English translation:
Christopher Harrington, Berlin
German proofreading:
Romy Range, C-Value, Berlin
English proofreading: Kimberly Bradley, Berlin
Print and production: Druckhaus Sportflieger GmbH

Weltweiter Vertrieb:
Die Gestalten Verlag GmbH & Co.KG
Mariannenstrasse 9-10
10999 Berlin, Germany
hello@gestalten.com
ISBN: 978-3-89955-525-7

Worldwide distribution:
Die Gestalten VerlagGmbH & Co.KG
Mariannenstrasse 9-10
10999 Berlin, Germany
hello@gestalten.com
ISBN: 978-3-89955-525-7

Vorwort

Als ich im Jahr 1994 in der Hamburger Hochschule für Bildende Künste einen Diavortrag von Dieter Rams hörte, den er vor seinen Studenten und Professoren-Kollegen hielt, war mir sehr schnell klar, dass das gezeigte Bildmaterial, der erläuternde Text und natürlich auch der Hauptteil des Vortrages mit dem Titel „Die Zukunft des Design" nicht nur für eine kleine Gruppe von Zuhörern reserviert sein sollte, sondern allen Interessierten zugänglich gemacht werden müsste.

Ich versuchte Dieter Rams davon zu überzeugen, den Vortrag zu veröffentlichen. Sein zunächst zurückhaltendes Interesse wuchs. Es entwickelte sich ein richtiges Buchprojekt. Doch Bilder und Texte des Vortrages hielten den damit gestellten Anforderungen nicht mehr stand. Alles wurde neu durchdacht und überarbeitet. Auch der Erscheinungstermin musste zwangsläufig zweimal verschoben werden.

Das vorliegende Buch soll aber trotz dieses Anspruchs auf keinen Fall ein umfassender Rückblick auf die Firmengeschichte von Braun sein. Es ist, wie Dieter Rams selbst sagte, als Zwischenbilanz gedacht. Wichtige Phasen der Designarbeit werden dargestellt. Über eine Vielzahl von Produkten wird informiert. Aber Vollständigkeit ist nicht intendiert.

Die vielen Abbildungen illustrieren die Designentwicklung in allen Braun Produktbereichen. Es entstanden großartige Entwürfe, die heute bereits zu den Designklassikern zählen. Eine große Zahl von innovativen Geräten entstand gerade im HiFi-Bereich, den Rams in der Umbruchzeit von der Röhrentechnik hin zur Transistortechnik mitgestaltete. In dieser Zeit hatte er die Chance, fast objekthafte Geräte zu verwirklichen. Beispielhaft sind die Taschenempfänger T 3, T 31, T 4 und T 41 sowie der Plattenspieler P 1. Die zeitlos gestalteten Geräte hätten bis heute durchaus eine Verkaufschance, wenn nicht die weit überholte Elektronik die wirkliche Herstellungszeit verraten würde.

Introduction

In 1994 I attended a slide lecture that Dieter Rams gave to his students and academic colleagues. It didn't take me long to realise that the images he was showing, the explanatory text and of course the main part of his lecture entitled "The Future of Design" should not be restricted to a small group of listeners, but had to be made available to anyone interested in the subject.

I tried to convince Dieter Rams to publish his lecture. He was reluctant at first, but his interest grew. The project began to develop into an entire book, but by then the original slides and text alone did not match the new requirements. Everything was revised and reworked. As a result, the publication date had to be postponed twice.

Despite all the tribulations involved, this book should in no way be considered a comprehensive retrospective of the company history of Braun. It is intended to be, as Dieter Rams himself says, an interim statement. It indicates key design phases and outlines a wealth of products, but doesn't even pretend to be a complete documentation.

The many illustrations show the development of design in all the main product lines at Braun. Exceptional designs developed here are considered design classics today. A large number of the most innovative products that Rams worked on were in the hi-fi appliance area during the transition from old valves to the newer transistor technology. During this period he had the chance to create appliances that are almost objects of art in their own right. Particularly outstanding are the pocket-receivers T 3, T 31, T 4 and the T 41 as well as the P 1 record player. The timeless design of these appliances would definitely stand a chance in today's market, were it not for the totally outdated electronics that give away their true age.

Ein letzter Gedanke zu diesem Buch: Das Design von Dieter Rams wurde stets durch die Überlegung geprägt, dass gutes Design die Summe aller gut gestalteten Details ist. Er spricht vom „Durchgestalten". Hier ist deutlich der ursprüngliche Architekt erkennbar. Architektur zeichnet sich dadurch aus, dass nicht nur die Fassade, sondern das ganze Gebäude insgesamt gestaltet wird. Die gleiche Sorgfalt bestimmt auch die Einbauten bis hin zu den Möbeln. Gerade die Möbel und die Gebrauchsgegenstände sollen dem Menschen dienlich sein. Dieter Rams spricht davon, dass „Design und Architektur" in Haltung und Qualität kongenial sein müssen.

Jo Klatt April 1995

Vorwort zur 5. Auflage

Der vorliegende Band ist erstmals im Jahr 1995 erschienen, für mich damals eine Wendezeit in meinem Lebenslauf, in der ich meine Tätigkeit für das Unternehmen Braun und meine Lehrtätigkeit an der HfBK Hamburg 1997 altersbedingt beendete. „Beenden musste" möchte ich es lieber nennen, denn mir war vor fast 20 Jahren durchaus noch nicht nach „Ruhestand" und das ist bis heute so geblieben.

Von daher war dieses Buch auch durchaus nicht als Rückblick gedacht, sondern sollte den „state of the art" meiner Gestaltungshaltung widerspiegeln. Das war in der Spätphase der sogn. Postmoderne nicht unbedingt ein populäres Unterfangen, als die Bedeutung der Dinge, ihre Semantik, wichtiger genommen wurde als ihre Gebrauchsfähigkeit, ihre Funktion.

Jo Klatt gilt das Verdienst, mich damals zu dieser Publikation motiviert und sie durch vier Auflagen in seinem eignen Verlag getragen zu haben. Daher gilt an dieser Stelle ihm mein ganz besonderer Dank, dem Verleger und

One last remark about this book: Dieter Rams' design is always distinguished by his belief that good design is the sum of all well-designed details. He talks of "thorough design". Here you can recognise his architectural background. Architecture is not just about designing a façade, but the entire building along with it. The same degree of concern is applied to the fittings and fixtures, right down to the furniture. The furniture and everyday objects in particular should serve the user. Dieter Rams always maintains that design and architecture should be congenial in both attitude and quality.

Jo Klatt April 1995

Preface to the 5th Edition

This book was first published at a time that marked a changing point in my life. One in which, thanks to my age, I ended both my employment at Braun and my teaching post at the HfBK Hamburg in 1997. Although I would prefer to say "had to end", since I was by no means in the mood for retirement almost 20 years ago and am still not today.

Therefore this book was never intended to be a retrospective, rather a "state of the art" of my creative position. It was not a particularly popular undertaking in the latter period of so-called postmodernism, when the meanings of things, their semantics, were taken to be more important than their usability, or function.

It is to Jo Klatt's credit that he motivated me to take on this publication, and it is he who has supported it through four editions with his own publishing company. Therefore I owe a very special thankyou to this publisher and

Grafikdesigner, der sich auch als Herausgeber der Zeitschrift Design+Design um die Designgeschichte des Unternehmens Braun Meriten erworben hat.

Diese 5. Auflage, die im „Die Gestalten Verlag" in Berlin erscheint, ist neu übersetzt, lektoriert und drucktechnisch optimiert, aber inhaltlich unverändert und nach wie vor von Jo Klatt betreut worden. Sie soll den aktuellen Diskurs zum Design mit einer Art authentischem Quellenmaterial bereichern. Ich verstehe das als Ergänzung zu den in den letzten Jahren erschienenen umfangreichen und verdienstvollen monografischen Publikationen über meine Arbeit, etwa von Keiko Ueki und Klaus Klemp oder von Sophie Lovell.

Die Paradigmen des Designdiskurses haben sich nach der Postmoderne gewandelt, wie sie sich immer wandeln, denn Design ist auch der materialisierte Spiegel jedweder gesellschaftlicher Verfasstheit. Heute, in der erweiterten Globalisierung, spielen Nützlichkeit und Haltbarkeit von Produkten wieder eine weit wichtigere Rolle als zuvor. Unsere Ressourcen sind einerseits begrenzt und die Teilnehmer an Konsumptionsprozessen werden andererseits immer mehr. Design ist für mich nicht das Bedienen von luxurierten Kaufanreizen, sondern das Herstellen von Orientierungs- und Handlungssystemen für eine komplexe und komplizierte aber gleichzeitig auch faszinierend offene Welt. Es ist das ernsthafte Nachdenken darüber, wie wir eben diese Welt so gestalten können, dass sie auch ein freudvolles Morgen für alle bieten kann.

Prof. em. Dr. mult h.c. Dieter Rams
Dezember 2013

graphic designer who, as editor of the magazine Design+Design, has done so much to establish the merit of the Braun company design history.

This fifth edition, now published by "Die Gestalten Verlag" in Berlin, has been re-translated, re-proof-read and technically optimised for print, but the content remains unchanged and all has been done under the watchful eye of Jo Klatt. The intention is to enrich the current discourse about design with some authentic source material. To my eyes this book serves as a supplement to the comprehensive and commendable monographic publications from Keiko Ueki and Klaus Klemp, and from Sophie Lovell.

The design discourse paradigms have changed since postmodernism, as they are always changing, because design is also the materialised mirror of any cultural and social condition. Today, in the time of expanded globalisation, the usefulness and durability of products play a far greater role than before. One the one hand our resources are limited, and on the other, the number of participants in the consumption process is constantly incresing. Design for me is not about pandering to luxury buying incentives, but producing orientation- and behavioural-systems for a complex and complicated, yet simultaneously fascinating, open world. It is about seriously considering how to make this world a place where we can offer a tomorrow worth living for everyone.

Prof. em. Dr. mult h.c. Dieter Rams
December 2013

Zehn Thesen zum Design

Die Grundüberlegung, die – wenn man so will – Philosophie des Design, die für mich und meine Mitstreiter bestimmend war, ist vor Jahren in Form von zehn einfachen Thesen formuliert worden. Als Orientierungs- und Verständnishilfen haben sie sich bewährt. Eine Festschreibung sollen und können sie nicht sein. Die Vorstellungen davon, was gutes Design ist, entwickeln sich weiter – so, wie sich Technik und Kultur weiterentwickeln.

Gutes Design ist innovativ.
Es wiederholt weder bekannte Produktgestalten, noch erzeugt es beliebige Neuartigkeit als Selbstzweck. Gutes Design ist vielmehr innovativ darin, dass es im Hinblick auf die Funktionen eines Produkts deutliche Fortschritte erreicht. Die Möglichkeiten dafür sind noch längst nicht ausgeschöpft. Die technologische Entwicklung öffnet auch dem Design immer wieder Chancen für innovative Lösungen.

Gutes Design macht ein Produkt brauchbar.
Man kauft ein Produkt, um es zu benutzen. Es hat bestimmte Zwecke zu erfüllen – Primärfunktionen ebenso wie ergänzende Funktionen. Die wichtigste Aufgabe des Design ist es, die Brauchbarkeit eines Produkts zu optimieren.

Gutes Design ist ästhetisch.
Die ästhetische Qualität eines Produkts – und damit seine Faszination – ist ein integraler Aspekt seiner Brauchbarkeit. Denn ganz sicher ist es unangenehm und mühsam, Tag für Tag mit Produkten zu tun zu haben, die verwirrend sind, die einem buchstäblich auf die Nerven gehen und zu denen man keine Beziehung finden kann. Allerdings lässt sich über ästhetische Qualität schwer diskutieren. Dafür gibt es zwei Gründe: Es ist sehr schwierig, sich über Visuelles mit Worten zu verständigen, weil ein und dasselbe Wort für verschiedene Menschen eine ganz unterschiedliche Bedeutung haben kann. Und zweitens geht es bei ästhetischer Qualität um Nuancen, um feine Abstufungen, um den Gleichklang und das subtile Gleichgewicht einer Vielzahl von

Ten Principles of Design

The basic considerations that defined – if you like – a philosophy of design for myself, and my fellow designers, were summed up years ago in the form of ten simple principles. They have stood the test of time as aids to orientation and understanding. They can and should not be binding. Just as culture and technology continue to develop, the idea of what constitutes good design is an evolving process.

Good design is innovative.
It does not copy existing product forms, nor does it create novelty just for the sake of it. Rather, good design is innovative in that it generates innovation only in respect to clear improvements in a product's function. The potential in this respect has by no means been exhausted. Technological progress continues to offer designers new chances for innovative solutions.

Good design makes a product useful.
You buy a product in order to use it. It has to fulfil certain purposes – primary as well as additional functions. The most important responsibility of design is to optimise the utility of a product.

Good design is aesthetic.
The aesthetic quality of a product – and thus its fascination – is an integral aspect of its utility. It is truly unpleasant and tiring to have to put up with products day in and day out that are confusing, that literally get on your nerves, and that you are unable to relate to. However it has always been a hard task to argue about aesthetic quality. For two reasons: First, it is very difficult to discuss anything visual since words have different meanings for different people. Second, aesthetic quality deals with nuances and precise shades, with the harmony and subtle equilibrium of a whole variety of visual elements. You need a good eye trained through years of experience in order to have an informed opinion.

visuellen Elementen. Man braucht ein Auge, das durch jahrelange Erfahrung geschult ist, um hier ein fundiertes Urteil zu haben.

Gutes Design macht ein Produkt verständlich, erhöht seine Selbsterklärungsqualität.
Es verdeutlicht auf einleuchtende Weise die Struktur des Produkts. Aber mehr noch: Es bringt das Produkt sozusagen zum Sprechen. Im optimalen Fall erklärt sich ein Produkt selbst und erspart das frustrierende Studium von unverständlichen Bedienungsanleitungen.

Gutes Design ist unaufdringlich.
Produkte, die einen Zweck erfüllen, haben Werkzeugcharakter. Sie sind weder dekorative Objekte noch Kunstwerke. Ihr Design sollte deshalb neutral sein, die Dinge zurücktreten lassen und dem Menschen Raum geben.

Gutes Design ist ehrlich.
Es versucht nicht, ein Produkt anders erscheinen zu lassen, als es wirklich ist – innovativer, leistungsfähiger, wertvoller. Es manipuliert den Käufer und Gebraucher nicht, stiftet ihn nicht zum Selbstbetrug an.

Gutes Design ist langlebig.
Es hat nichts Modisches, das schnell veraltet wirkt. Damit unterscheiden sich gut gestaltete Produkte tiefgreifend von kurzlebigen Trivial-Produkten einer Wegwerfgesellschaft, für die es heute keine Berechtigung mehr gibt.

Gutes Design ist konsequent bis ins letzte Detail.
Gründlichkeit und Genauigkeit des Design sind Ausdruck von Respekt – dem Produkt und seinen Funktionen, aber ebenso dem Gebraucher gegenüber.

Gutes Design ist umweltfreundlich.
Das Design kann und muss seinen Beitrag zur Erhaltung der Umwelt und Schonung der Ressourcen leisten. Dabei muss es nicht allein etwas gegen die physische, sondern auch gegen die visuelle Verschmutzung und Zerstörung der Umwelt tun.

Gutes Design ist so wenig Design wie möglich.

Zurück zum Puren, zum Einfachen!

Dieter Rams 1995

Good design makes a product easy to understand.
It clarifies the structure of a product. It also helps the product speak for itself in a way. Ideally a product should be self-explanatory and save the frustration and tedium of perusing incomprehensible instruction manuals.

Good design is unobtrusive.
Functional products are like tools. They are neither decorative objects nor artworks. Their design should therefore be neutral. They must keep to the background and leave space for the user.

Good design is honest.
It does not attempt to make a product anything other than that which it is – more innovative, more efficient, more useful. It must not manipulate or deceive buyers and users.

Good design is durable.
It has nothing trendy about it that might be out of date tomorrow. This is one of the major differences between well-designed products and short-lived trivial objects for a throwaway society that can no longer be justified.

Good design is thorough, down to the last detail.
Thoroughness and accuracy in design are expressions of respect – for the product and its functions as well as the user.

Good design is environmentally friendly.
Design can and must maintain its contribution towards protecting and sustaining the environment. This does not just include combating physical pollution, but the visual pollution and destruction of our environment as well.

Good design is as little design as possible.

Back to purity, back to simplicity!

Dieter Rams 1995

Max Braun, Gründer des Unternehmens
Max Braun, company founder

Eines der ersten Braun Produkte: Ein Detektor,
Herzstück der frühen Radios
One of the Braun's early products: a detector,
the heart of the early radios

Im Sommer 1955 kam ich zu Braun – und blieb bis 19951.[1] Vierzig Jahre Design für ein und dasselbe Unternehmen – das ist in unserer noch immer vergleichsweise jungen Profession sicher die Ausnahme. Meine Verbundenheit mit Braun und die Gradlinigkeit meines Weges als Designer sind nicht zufällig oder nebensächlich. Das Unternehmen hat mich mit seiner besonderen Geschichte, mit seinen Konzepten und Aufgaben als Designer geprägt. Meine Designüberzeugungen entfalteten sich innerhalb des Kontextes von Braun. Ich habe in erster Linie Braun Produkte entworfen.

Braun – um das Unternehmen mit einer Art kurzem Lebenslauf vorzustellen – wurde 1921 in Frankfurt von dem Ingenieur Max Braun gegründet, einem sehr tatkräftigen, erfinderischen Mann mit einem Gespür für Innovationen. Er stellte durchweg Produkte her, die er selbst entwickelt hatte und die neuartig waren. Frühzeitig und mit Erfolg engagierte er sich in der Radiotechnik, die in diesen Jahren entstand. Zunächst fertigte Braun Komponenten wie beispielsweise Detektoren, bald aber ganze Geräte. Eine wichtige Innovation war die Kombination von Radio und Plattenspieler. Diesen Gerätetyp produzierte Braun fast ein halbes Jahrhundert lang.

Von Design war in diesem ersten Lebensabschnitt des Unternehmens noch keine Rede. Die Geräte wurden von den Konstrukteuren mitgestaltet. Dieses Ingenieurs-Design war oft unbeholfen, aber keineswegs durchweg schlecht. Auch Max Braun ging es schon darum, den Produkten eine zweckgerechte Form zu geben.

Bereits vor dem Zweiten Weltkrieg arbeitete Max Braun an der Konstruktion eines elektrisch betriebenen Trockenrasierers. „Er realisierte", schrieb sein Sohn Erwin Braun, „das seit Jahren meistgebrauchte Trockenrasiersystem mit flexiblem Scherblatt und darunter hin- und hergehendem ‚inner cutter'.

I arrived at Braun in the summer of 1955, and stayed until 1995. Forty years of design for one and the same company is certainly a rare exception in our comparatively young profession. My bond with Braun and the straightness of my path as a designer are neither accidental nor coincidental. The company influenced me strongly as a designer with its special history, with its concepts and with its undertakings. My design ideals were shaped within the framework of Braun and it was Braun products that I primarily designed.

Let me introduce the company with a kind of brief curriculum vitae: Braun was founded in Frankfurt in 1921 by the engineer Max Braun. He was a highly energetic and inventive man with a sense for innovation and consistently manufactured novel products of his own conception. At an early stage he took a keen and successful interest in the new radio technologies that were appearing at the time. Initially Braun manufactured components such as detectors but soon they were producing entire devices. An important innovation was the combination of radio and record player, a type of appliance that Braun then continued to produce for almost half a century.

During this early phase of the company's existence there was no talk of design. The appliances' appearances were shaped by their engineers. This engineered kind of design was often a little clumsy, but by no means bad. Max Braun also took great care to give his products functional forms.

Before World War II, Max Braun started developing an electrically driven shaver. "He invented", wrote his son Erwin Braun, "what was for years the most used dry shaving system with a flexible blade and constantly moving inner cutters beneath. This system has outstanding advantages over any other system known so far". In 1950, along with the first Braun shaver, the company also launched their first household appliance, the Multimix kitchen machine.

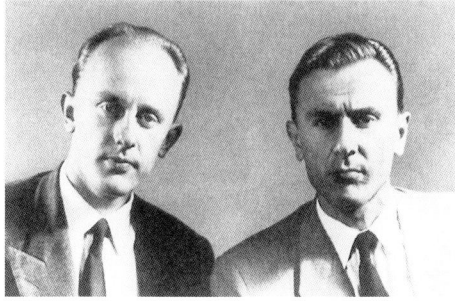

Artur und Erwin Braun, die Söhne des Gründers
Artur and Erwin Braun, sons of the company founder

Erste Tischradio-Phonokombination mit bereits einheitlicher Bedienung von oben
First table radio/phono combination with a unified operating console on the top

Dieses System hat hervorragende Vorteile gegenüber anderen bis heute bekannten." Mit dem ersten Braun Rasierer kam 1950 auch das erste Küchengerät von Braun auf den Markt: Die Küchenmaschine Multimix.

1951 starb Max Braun. Seine beiden noch jungen Söhne Artur und Erwin Braun übernahmen die Leitung des Unternehmens. Sie setzten die Arbeit ihres Vaters fort und behielten das bisherige Produktprogramm bei – man produzierte weiter Radio- und Phonogeräte, Rasierer oder Küchengeräte –, schlugen aber zugleich einen revolutionär neuen Kurs ein. Am deutlichsten wurde dies im Produktdesign und in der Kommunikation von Braun.

Einen starken Anstoß zu dieser Neuorientierung aus einer Gestaltungsperspektive heraus gab Wilhelm Wagenfeld mit einem Vortrag, den er 1954 in Darmstadt hielt. „Sie waren mein und dann Bruder Arturs erster Lehrer in ‚industrial design'", schrieb Erwin Braun später in einem in der Zeitschrift „form" veröffentlichten Brief an Wagenfeld.

Es lohnt sich, einige Sätze aus dem bemerkenswerten Vortrag von Wilhelm Wagenfeld zu zitieren:

„Das Bessere braucht nur auf jeden Fall intelligente Produzenten, die jedes Produkt für seinen Zweck, das Brauchbarsein und Haltbarsein, gründlich durchdenken."
„Das Formfinden kann dabei zu Problemen führen, die gelöst werden müssen wie eine Forschungsaufgabe im chemischen und physikalischen Labor. Gleiches Eindringen in die Materie ist da vonnöten, gleiches Suchen und Tasten in langen Entwicklungsreihen und zu

Max Braun died in 1951. His two young sons Artur and Erwin Braun took over the management of the company, continuing their father's work by keeping the hitherto established product range: radio and phono sets, shavers and kitchen appliances. But they also simultaneously set out on a revolutionary new path that soon became clear in their product designs and their corporate communications.

A strong impulse for this new design orientation came from a lecture held by Wilhelm Wagenfeld in Darmstadt in 1954. "You were a teacher to me and later to my brother Artur, our first teacher in 'industrial design'", wrote Erwin Braun later in a letter to Wagenfeld published in the magazine "form".

Let me quote a few sentences from this remarkable lecture by Wilhelm Wagenfeld:

"The best by all accounts needs intelligent manufacturers who thoroughly reflect upon the purpose, utility and durability of each and every product."

"Form finding can lead to problems that have to be solved like a research task in a chemist's or physician's laboratory. The same level of penetration into the matter is required, the same searching and probing through endless test series and lastly the equally diligent mental checking and adaptation towards a rational fabrication."

"The simpler an industrial product is supposed to be, the more difficult it is to fulfil the requirements."

Der erste Elektrorasierer von Braun: S 50 (1950)
The first electrical shaver by Braun: S 50 (1950)

Die erste Braun Küchenmaschine
The first Braun kitchen appliance

Hans Gugelot (1920–1965), Designer und Lehrer an der Hochschule für Gestaltung Ulm
Hans Gugelot (1920–1965), designer and teacher at the Ulm School of Design

letzt dasebenso sorgfältige Überprüfen und Verändern in Gedanken an eine rationale Fertigung."
„Je einfacher ein Industrieerzeugnis sein soll, desto schwieriger sind die Voraussetzungen dafür zu erfüllen."

Noch im Dezember 1954 trat Braun mit der damals gerade eröffneten Hochschule für Gestaltung in Ulm in Kontakt. „Auf die embryonale HfG war ich von verschiedenen Seiten aufmerksam gemacht worden, mehrfach von unserem Radiomöbelfabrikanten, der nicht ahnen konnte, dass er damit das Ende der Holzmöbelära beschleunigte." (Erwin Braun in der „form")

Hans Gugelot, Architekt, Designer und Lehrer an der Hochschule für Gestaltung, wurde mit dem Design von Radio- und Phonogeräten beauftragt. Unter der Leitung von Otl Aicher gestaltete die HfG Ausstellungssysteme und Kommunikationsmittel für Braun. Die Zusammenarbeit zwischen den Ulmern und den Brüdern Braun und Dr. Fritz Eichler war eng und von gegenseitiger Sympathie getragen. Fritz Eichler, Theaterwissenschaftler und Regisseur, war 1954, im Jahr des Kurswechsels, ebenfalls zu Braun gekommen – ursprünglich, um Werbefilme zu gestalten.[2]

Brauns unternehmerische Neuorientierung war im Rückblick von vier Aspekten besonders geprägt. Der erste: Der Kursänderung lag eine tiefe und ernste Überzeugung zugrunde. Man folgte also keineswegs einem mehr oder weniger vordergründigen Konzept zur Differenzierung des Unternehmens, sondern wollte Produkte herstellen, die wirklich

As early as December 1954, Braun established first contacts with the newly founded Ulm Hochschule für Gestaltung (Ulm School of Design). "The young college, the HfG, was brought to my attention from all sides, in particular by our radio furniture manufacturers who will never know how much they accelerated the end of the wood furniture era." (Erwin Braun in "form" magazine)

Hans Gugelot, an architect, designer and teacher at the HfG, was commissioned to design radio and phono sets. Under the supervision of Otl Aicher, the HfG designed the exhibition stands and corporate communication for Braun. The cooperation between Ulm and the Braun brothers and Dr. Fritz Eichler was a close one, determined by mutual friendship. Fritz Eichler, theatre expert and film director, also came to Braun in 1954, the year of change – initially to produce advertising spots.

In retrospect, four very important aspects determined Braun's new orientation. The first was based on a deep and serious conviction – a desire to avoid, at all costs, a more or less superficial concept of how the company should differentiate itself. They wanted to manufacture products that were genuinely useful and that met people's needs better than before.

Kurswechsel im Design: Phonosuper aus der Zeit vor 1955 (rechts) und Phonosuper SK 4 von 1956 (links)
A new kind of design: Phonosuper before 1955 (right) and Phonosuper SK 4 from 1956 (left)

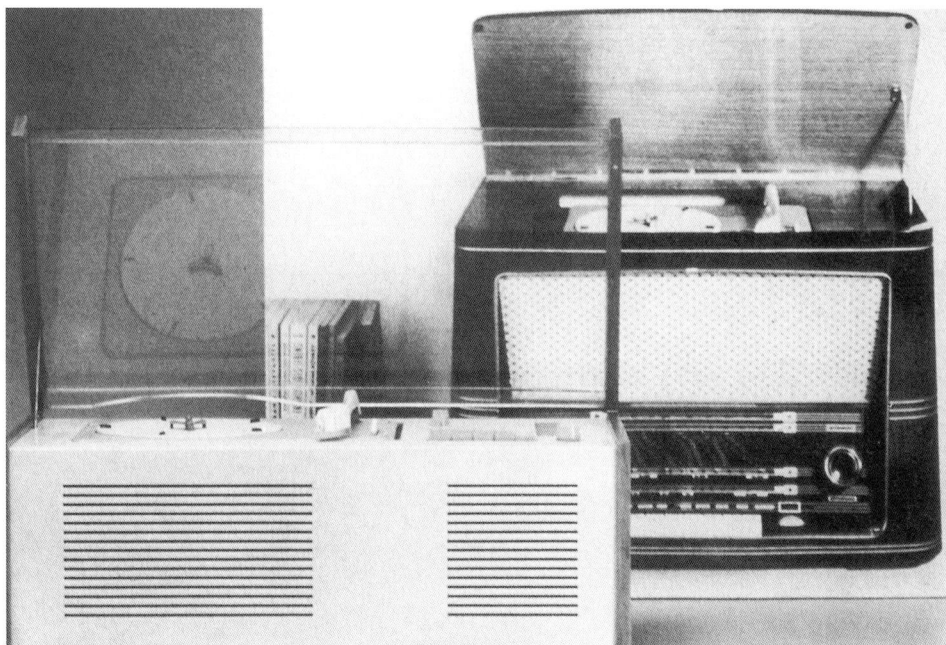

brauchbar waren und den Bedürfnissen der Menschen besser als zuvor entsprachen.

Der zweite wichtige Aspekt: Die Neuorientierung war umfassend. Sie betraf nicht nur das Produktdesign, sondern auch die Technik, die Kommunikation, die Zusammenarbeit mit dem Handel und die Betreuung der eigenen Mitarbeiter. So gründete Braun 1954 einen Gesundheitsdienst, der den Mitarbeitern die Möglichkeit der Gesundheitsvorsorge bot – durch Arbeitsausgleichsgymnastik, sportliche Spiele, Vollwertkost und ein Saunabad. Es gab einen Werksarzt und einen Werkszahnarzt. Die Mitarbeiter konnten Krankengymnastik und physikalische Therapie in Anspruch nehmen. Aufgebaut und geleitet wurde der Gesundheitsdienst durch den Diplom-Sportpädagogen und Physiotherapeuten Werner Kuprian. In seiner Qualität und seinem Umfang ist dieses Angebot bis heute einzigartig.

Allerdings, und das ist ein dritter beachtenswerter Aspekt, zeigte sich die unternehmerische Neuorientierung am deutlichsten und überzeugendsten im Design der Produkte. Und das mündet zugleich in den vierten Aspekt, der fast 60 Jahre nach der Neuorientierung klar hervorgehoben werden muss: Der neue Kurs mit neugestalteten Produkten war ein unternehmerisches Wagnis!

Man kann sechzig Jahre später kaum noch nachvollziehen, wie außergewöhnlich dieses Design, der Gesamtauftritt des Unternehmens damals waren und welcher Mut dazu gehörte, sich auf der Funkausstellung 1955 mit einem vollständig und radikal neugestalteten Produktprogramm zu zeigen. Die Neuartigkeit und auch das Wagnis hatten auf manche Zeitgenossen eine sehr starke Wirkung. Sie verstanden schnell, dass dieses Design weitaus mehr war als ein neuer ‚Stil' – nämlich der Versuch, Geräte konsequent funktionsgerecht zu gestalten und ihnen damit einen höheren Gebrauchswert zu geben.

Und Braun hatte mit dieser Strategie Erfolg. Nicht auf Anhieb und auch nicht uneingeschränkt, aber doch deutlich genug, um an dem neuen Kurs festzuhalten. Schon 1957 wurde das Braun Gesamtprogramm auf der 11. Triennale in Mailand mit dem Grand Prix ausgezeichnet. Der Gestaltungsanspruch begann sich durchzusetzen.

Die Musterwohnungen der Internationalen Bauausstellung in Berlin 1957, entworfen von führenden Architekten aus aller Welt, waren

The second important aspect, the new orientation, was all embracing. It affected not just product design but also technology, communications, cooperation with retailers and the welfare of the company's own staff. In 1954 Braun established its own health care scheme offering employees a comprehensive health protection programme – through exercise regimes, sports and games, whole foods and a sauna facility. There was a company doctor and a company dentist. Employees could take advantage of remedial gymnastics and physiotherapy. Werner Kyprian, physiotherapist and sport instructor, set up and managed this service, which was unique in terms of both quality and range.

However, a third noteworthy aspect showed the company's redevelopment most clearly and convincingly, and that was the design of the products themselves. And this leads to the fourth aspect which, almost 60 years later, cannot be emphasised more strongly: the new direction with the newly designed products was a huge entrepreneurial risk!

Today, 60 years on, it is hard to imagine how extraordinary this design and the whole company image was back then, and what courage it took to present the company and its product range at the 1955 Funkausstellung [German trade show for radios and home appliances] with a complete and radical new face. For some contemporaries, the novelty and the risk left a very strong impression. They didn't take long to understand that this new design was far more than just a new 'style' – but an attempt to design appliances that were determined by their function and therefore had a higher intrinsic value.

Braun's strategy was successful. Not all at once, and not without limitations, but clear enough to justify adhering to the new path. In 1957 Braun's entire programme was awarded the Grand Prix at the 11th Triennale in Milan. The new design requirements began to take hold.

The show apartments at the International Building Exhibition in Berlin in 1957, designed by leading architects from all over the world, were, almost without exception,

fast ausnahmslos mit Braun Geräten ausgestattet. Braun Produkte fanden mehr und mehr Käufer. In wenigen Jahren wurden nicht nur die Radio- und Phonogeräte, sondern auch die Haushaltsgeräte und Rasierer neu gestaltet. Völlig neu entwickelte Geräte kamen dazu. Zum Beispiel der vollautomatische Kleinbildprojektor PA 1. Schon 1951 war mit dem Elektronen-Blitzgerät Braun Hobby eine neue Produktlinie entstanden (an deren Entwicklung Dr. Gerhard Lander maßgeblich beteiligt war).

Mehr als ein Jahrzehnt hindurch wuchs Braun – mit dem neuen Design, wenn auch sicher nicht allein aus diesem Grund. Die Bemühung um bessere Produkte war umfassend. Jahr für Jahr kamen neue, durchweg gelungene Braun Produkte auf den Markt. Einige wurden zu aufsehenerregenden Erfolgen und prägten nicht nur den technischen Fortschritt, sondern auch die Entwicklung des Marktes in ihrem Bereich. Um nur einige Beispiele zu nennen:

Der Rasierer sixtant, der Weltempfänger T 1000, die HiFi Bausteinanlage studio, das Tonbandgerät TG 1000, die Küchenmaschine KM 3/32, die Elektronenblitze Hobby, die Super-8-Kamera Nizo S 8.

Natürlich gab es auch Produkte, die sich auf dem Markt nicht durchsetzen konnten. Dafür gab es meist ein ganzes Bündel von Ursachen. Sehr selten nur aber war das Design der Hauptgrund für mangelnden Markterfolg.

Dass Braun seinen Weg so unbeirrbar beschritt, lag auch an seinem Hauptaktionär, der seit 1967 die Aktienmehrheit besaß. Die in Boston ansässige Gillette Company bestimmte in den folgenden Jahren die Ausrichtung des Unternehmens sehr stark, ohne dabei aber aus Braun etwas anderes zu machen als das, was es war und sein wollte: Ein Großserienhersteller von Gebrauchsgeräten für den Weltmarkt. Auch das Braun Design wurde nicht in Frage gestellt.

Heute sind die zentralen Produktbereiche Rasierer, Haarpflege- und Haushaltsgeräte, Uhren und Geräte für die Mundpflege. Hier gehört Braun zu den bedeutendsten Herstellern und ist in vielen Ländern Marktführer. Die Produktbereiche aber, in denen Braun keine Spitzenposition mehr hätte erreichen können, wurden aufgegeben. Unterhaltungselektronik, Film und Foto verschwanden aus dem Programm.

kitted out with Braun appliances. Braun products attracted more and more buyers. In the course of a few short years, not only were the radio and phono sets redesigned, but also the household appliances and shavers as well. Entirely new products were also added to the range. For example, the fully automatic slide projector PA 1. As early as 1951 Braun established a new product line of flashguns called Hobby, in whose development Dr. Gerhard Lander played a significant role.

For more than a decade Braun grew and expanded, thanks to the new design, but certainly not only because of it. The effort to create better products was all-embracing. Year by year new, consistently successful products were launched onto the market. Some were sensationally successful and influenced both technological developments at the time and the development of the market in their categories. To name but a few examples:

The sixtant shaver, the T 1000 world receiver, the studio modular hi-fi system, the KM 3/32 kitchen appliances, the TG 1000 tape recorder, the hobby flash guns and the Nizo S 8 super 8 camera.

Naturally there were also products that did not conquer the market for a variety of reasons. But their commercial failure was rarely the result of their design.

Braun also had its shareholders to thank for its rocketing success. As of 1967, the Boston-based company Gillette owned the majority of shares in the company and they played a leading role in dictating the development of the corporation without forcing Braun to be anything other than it wanted to be: a large serial producer of domestic products for the world market. Braun's design was also never questioned.

Today the key product areas are shavers, hair care and household appliances, clocks and oral hygiene appliances. Braun is one of the world's most important manufacturers in these markets and market leader in many countries. The product segments where Braun could never hope to maintain top position, such as entertainment electronics and film and photography products, later disappeared from the range.

Das Braun Design und seine Väter
Erwin Braun zum 70. Geburtstag

Erschienen in der Zeitschrift
„Design+Design" Heft-Nr. 69/70,
Jubiläumsausgabe 50 Jahre Braun Design,
Dezember 2004

Lieber Herr Braun,

Als ich Ihnen zum ersten Mal begegnete,
waren Sie kaum älter als meine Studenten
heute. Aber weil ich selber noch viel jünger
war, weil Sie das Unternehmen leiteten,
das mich anstellte, weil Sie weitreichende
Pläne hatten und Entscheidungen trafen, die
viele und vieles in Bewegung setzten, blieb
ich Ihnen gegenüber in der Distanz des Re-
spekts – damals und, wenn ich genau hin-
schaue, bis heute.

Im August werden Sie 70. Ein Menschenalter
ist vergangen seit diesen intensiven Auf-
bruchsjahren Mitte der 1950er-Jahre, in denen Gestalt annahm, was man heute recht
pauschal „Braun Design" nennt. Was ist
Braun Design? Wer sind seine Väter? Was
ist Ihr eigener Anteil an der Leistung des
Unternehmens bei der Gestaltung von
Produkten?

Eigentlich widerstrebt es mir, zurückzublicken
und „Braun Design" als eine historische, ab-
geschlossene Erscheinung zu sehen, reif fürs
Lexikon.

Sicher ist den vielen hundert Produkten, die
seit 1954 für und von Braun gestaltet wurden, mehr gemeinsam als das Markenzeichen.
Sie haben eine Gleichartigkeit, eine Ver-
wandtschaft, die es möglich macht, von
„Braun Design" zu sprechen – und nicht nur
vom Design eines einzelnen HiFi-Gerätes, eines Rasierers, einer Filmkamera, einer Küchenmaschine oder eines Haartrockners.

Dennoch kann man gerade bei Braun überhaupt nicht davon sprechen, dass hier ein einfaches, in einigen anfänglichen Mustern fest-
geschriebenes „Design-Rezept" mehr oder
weniger mechanisch auf immer neue Produkte appliziert worden sei. Eine Gestaltungs-
weise, die sich wie ein technisches Patent be-
schreiben ließe und einen oder mehrere
Erfinder hat. Nein, für mich ist „Braun Design"
keine Lösung, sondern eher der Begriff für
die Grundhaltung, Design als Aufgabe zu sehen. Nämlich die Aufgabe, bei jedem Produkt
wieder von Neuem nach einer guten

The Fathers of Braun Design
To Erwin Braun on his 70th birthday

First published in: "Design+Design" Issue No.
69/70, jubilee edition 50 Years of Braun
Design, December 2004

Dear Mr Braun,

The first time I met you, you were barely older
than my students are today. But because I
was so much younger myself, because you
were running the company that hired me, because you had such far-reaching plans and
made the decisions that set so much and so
many in motion, I kept a respectful distance
back then. And, if I am honest, I still do.

In August you will turn 70. A whole lifetime
has passed since those intense years of turm-
oil in the mid 1950s when what we now so
sweepingly call "Braun design" took shape.
What is Braun design? Who are its authors?
What was your own contribution to the achievements of this company in terms of product
design?

Actually I am reluctant to look back on "Braun
design" as an historic, concluded phenome-
non, ripe for the history books.

It is true that the many hundreds of products
that were designed for and by Braun since
1954 have more in common than the brand.
They have a similarity, a relationship to one
another that makes it possible to talk about
"Braun design" rather than just the design of
individual hi-fi units, shavers, film cameras,
kitchen appliances or hairdryers.

Nevertheless, and particularly in the case of
Braun, it is not possible to describe an initial,
simple, specific "design recipe" that was applied mechanically to ever more products. A
type of design that could be described like a
technical patent and that had just one or two
inventors. No, for me "Braun design" is not a
solution but a term for a basic attitude that
sees design as a challenge: The challenge to
always start right at the beginning in the
quest for a good solution for each and every

den Verwender des Produkts zu verstehen und nicht primär für die Kasse des Herstellers.

Die eigentliche unternehmerische und designerische Leistung sehe ich darin, zu dieser Grundhaltung gekommen zu sein, sie immer wieder in konkreten Entwürfen verwirklicht und über so viele Jahre hinweg durchgehalten zu haben. Das war ein Prozess. Und an diesem Prozess waren viele beteiligt. Zu unterschiedlichen Zeiten, in unterschiedlichen Rollen, mit unterschiedlicher Wirkung. In der Geschichte der menschlichen Kultur gibt es keine Entstehung aus dem Nichts. Alles Neue hat Vorläufer und Wegbereiter, braucht förderliche Bedingungen, um zu beginnen und zu wachsen.

Vor Jahren haben Sie darauf hingewiesen, dass schon Ihr Vater wichtige Anstöße gegeben und Voraussetzungen geschaffen hat. Ganz sicher spielte auch Wilhelm Wagenfeld eine Schlüsselrolle. Sie haben oft von dem Vortrag Wagenfelds gesprochen, den Sie 1954 in Darmstadt hörten und der für Sie richtungsweisend war. Sie haben ebenso oft betont, wie entscheidend die Leistung der Ulmer war – die von Otl Aicher als eher gedanklicher Anreger und von Hans Gugelot als Architekt und Designer, der die ersten erfolgreichen Braun Produkte aus der neuen, auf die Funktion und den Verwender orientierten Haltung heraus gestaltete.

In ganz anderer Rolle und mit anderer Wirkung war Fritz Eichler an der Entwicklung des Braun Design beteiligt – als, wie er es selbst gelegentlich bezeichnet hat, „Hebamme", als Gesprächspartner, der andere anregte, unterstützte und mitbestärkte. Auch die etwa 10 Designer, die mit und nach Wilhelm Wagenfeld und Hans Gugelot Braun Geräte gestaltet haben - von Herbert Hirche bis hin zu den Jungen, die 1990 und 1991 in die Braun Designabteilung eingetreten sind – haben ihren eigenen und ganz konkreten Anteil an dieser Gesamtleistung.

Ein aufmerksamer Beobachter wird bemerken, dass ein Name fehlt. Der Ihre! Tatsächlich wird Ihre Rolle in den bisherigen Rückblicken auf Entstehung und Entwicklung des Braun Design meist recht knapp dargestellt. Das entspricht Ihrer Neigung, die eigene Leistung herunterzuspielen. Wenn ich sage, dass ich Sie für entscheidend halte, dann ist das nicht als Geburtstags-Laudatio gemeint, sondern der Versuch einer wirklichkeitsge-

product, and to understand "good" primarily as a quality for the user rather than for the manufacturer's wallet.

The true entrepreneurial and design achievement in my view is to have reached this basic attitude and then to have maintained it and put it into practice over and over again in the form of concrete designs for so many years. This was a process that many people were involved in, at different times, in a variety of roles and to varying effect. In the history of human culture, nothing comes from nothing. Every new thing has forerunners and precursors and needs beneficial conditions in which to grow.

Years ago, you stated that your father before you provided important impulses and laid the foundations for what was to come. Wilhelm Wagenfeld also clearly played a key role. You often talked about his lecture you heard in Darmstadt in 1954 that set you on your path. You have also often underlined how decisive the contributions of the Ulmers were – those of Otl Aicher, which were conceptually inspiring and of Hans Gugelot who, as an architect and designer, designed the first successful Braun products that followed the new, user- and function-oriented approach.

Fritz Eichler was involved in the development of Braun design in a completely different role and with a different kind of impact. He sometimes enjoyed saying that he acted as the "midwife"; as a dialogue partner who provided inspiration, support and encouragement. Also the ten or so other designers who designed appliances both with and after Wagenfeld and Gugelot – from Herbert Hirche to the younger colleagues who joined the design department in 1990 and 1991, each had his or her own specific part to play in this whole achievement.

An alert observer will have noticed that one name is missing here – yours! And it is true that your role in the retrospective accounts of the emergence and development of Braun is often far too briefly mentioned. This matches your own tendency to underplay your own achievements. When I say that I believe you were crucial to the whole thing, it is not

rechteren Darstellung. Sie spielten die Schlüsselrolle in dem Sinne, dass kein einziger der anderen Beteiligten ohne Sie in derselben Weise zur Wirkung gekommen wäre und schon gar nicht alle im Zusammenspiel miteinander.

Was Wagenfeld zu sagen hatte, konnten damals viele Unternehmer hören. Mit einigen hat er sogar lange und intensiv gearbeitet. Doch wo ist die bedeutende, anhaltende, lebendige Design-Leistung dieser Unternehmen heute?! Was Wagenfeld 1954 so wirksam werden ließ, war der junge Unternehmer, der im Auditorium saß, die Anregungen aufnahm und in die Tat umsetzte.

Dasselbe gilt für alle anderen Anreger, Mitdenker, Gestalter, die für und bei Braun gearbeitet haben – mich selbst natürlich eingeschlossen. Sie hatten die Vision anderer Produkte, einer anderen Qualität, einer anderen Produktgestalt, eines anderen Unternehmens. Sie haben gezielt und intensiv nach Menschen gesucht, die Ihre Vorstellungen verwirklichen konnten. Sie haben den Gestaltern Ihre Ideen vermittelt, sie motiviert, ihnen Freiräume gegeben, sich kontinuierlich und im Detail mit den Entwürfen auseinandergesetzt. Sie haben mit Elan die Voraussetzungen dafür geschaffen, dass konstruktiv-gestalterische Innovationen realisiert werden konnten. Sie haben das große Risiko auf sich genommen und sehr lange ausgehalten, mit Produkten auf den Markt zu gehen, die sich von allen anderen abhoben – und mehr noch: die aus einer deutlich anderen Haltung heraus gestaltet waren. Sie haben den Kurs mit großer Zähigkeit gehalten. Antonio Citterio schreibt an Vitra's Rolf Fehlbaum: „Als Designer bin ich von der grundlegenden Wichtigkeit des Klienten überzeugt, sowohl seiner Funktion als auch seiner Person. Alle Architektur und alle Produkte haben eine Mutter und einen Vater: Den Architekten oder Designer und seinen Klienten."

Warum ist das Design so vieler Unternehmen damals wie heute ein Trauerspiel? Inzwischen ist doch offenkundig, dass gute Gestaltung auch wirtschaftlich erfolgreich ist. Vitra und Erco sind inzwischen weitere gute Beispiele dafür. So viele Unternehmen hatten und haben die Chance, hier leistungsfähig zu werden. Es gibt so viele gute Vorhaben, bemühte Anfänge. Und es gibt ebenso viel zaghaftes Abbrechen, Inkonsequenz, Mittelmaß und Konfusion. Wer als Designer die Realität kennt, weiß, was der Faktor ist, der den Aus-

meant as just praise for the birthday boy, but as an attempt at a more realistic account. Your role was key in that not a single one of the other participants could have been as effective in the same way without you, not to mention all of them together in collaboration.

What Wagenfeld said back then could have been heard by plenty of other entrepreneurs. He even worked long and intensively with some of them. But where are the important, enduring, lively design achievements of these companies today? What made Wagenfeld so influential in 1954 was the young businessman who sat in the auditorium, absorbed his suggestions, and then actually went and implemented them.

The same holds true for all the other inspirers, co-thinkers and designers that worked for and with Braun – including myself, of course. They had a vision of different products of a different quality, of another kind of product design, of another kind of company. They searched specifically and intensively for people who were able to realise their vision. They communicated their ideas to their designers; they motivated them, gave them space and constantly re-evaluated the resulting designs in great detail. They laid the foundations for constructive, design-led innovation with élan. They took great risks and persevered to bring products to the market that were different from all the rest, and moreover, that had been designed from a clearly different perspective. They stuck to their course with great tenacity.

Antonio Citterio wrote to Rolf Fehlbaum of Vitra: "As a designer I am convinced of the fundamental importance of the client, in terms of both his function and his person. All architecture and all products have a mother and a father: the architect or designer and his client".

Why is the design of so many companies, then as now, such a tragedy? It must be obvious by now that good design is also commercially successful. Vitra and Erco have also become good examples of that. So many companies had and have the chance to be capable in this respect. There are so many good intentions and initial efforts and there is just as much fainthearted and inconsequential failure, mediocrity and confusion. A designer that knows the reality knows, too, where the

schlag gibt, 1954 ebenso wie 1991: Die Unternehmensführung, ihre Einsicht, ihre Haltung, ihre Fähigkeiten, ihre konkrete Leistung.

Aus der Entrücktheit der Chefetage ein paar vage und abstrakte Absichtserklärungen abzugeben in der Art: „Wir streben eine exzellente Gestaltung unserer Produkte an". Das war und ist in der Regel leider immer noch alles, was Unternehmensleitungen für das Design tun. Es ist so wirkungsvoll wie der Flügelschlag eines Schmetterlings. Ihr Beispiel zeigt, welche unternehmerische Leistung nötig ist. Ihr Involvement war von grundsätzlich anderer Art. Wenn man von einem der vielen Beteiligten sagen kann, dass er der „Vater des Braun Design" sei, dann sicher mit dem meisten Recht von Ihnen.

Aber – wie es so geht in der Welt – die Kinder werden erwachsen, sie lösen sich mit Respekt von den Vätern, sie müssen und werden aus eigener Kraft leben und Neues hinzufügen.

deciding factor lies, be it 1954 or 1991: it lies with the company management, their insight, their attitude, their abilities and their concrete achievements.

Handing out a couple of vague and abstract statements of intent from the executive along the lines of "we aspire to excellent design with our products" is still, sadly, just about all that company managers are generally prepared to do for design. It is about as effective as the flap of a butterfly's wing. Your example shows us exactly what kind of company effort is required. Your involvement was of a fundamentally different kind. If any of the many protagonists can be rightly called the "father of Braun design" then you can.

But – as it goes in the world – the children grow up and they detach themselves respectfully from their fathers because they must, and will, make their own way and bring new things to it.

Erinnerungen an die ersten Jahre bei Braun

In einem Brief an Erwin Braun schilderte Dieter Rams 1979 den Beginn seiner Arbeit als Designer. Erwin Braun, der das Unternehmen zusammen mit seinem Bruder Artur Braun von 1951 bis 1967 leitete, lebte damals in der Schweiz. Er starb 1992. Der Text des Briefes von Dieter Rams wurde 1989 in dem Band „Johannes Potente, Brakel, Design der 50er Jahre"[1], einem Buch über den Gestalter Johannes Potente, veröffentlicht.

Lieber Herr Braun,

hier sind – leider etwas später als zugesagt – meine Erinnerungen an die ersten Jahre bei Braun.

Um meine persönliche Entwicklung deutlich zu machen, habe ich etwas weiter ausgeholt. Sie haben sicher Verständnis dafür.

Ich glaube, dass ich in meinen Einstellungen und Interessen stark von meinem Großvater geprägt wurde. Er war Schreinermeister. Schon als 12- oder 13-Jähriger war ich sehr oft in seiner Werkstatt. Mein Großvater hatte keine Maschinen. Er lehnte sie ab. Und er arbeitete am liebsten allein. Gesellen machten es ihm nicht gut genug. Er hatte sich hauptsächlich auf Oberflächen spezialisiert. Bei ihm habe ich z.B. gelernt, wie man Holz poliert, von Hand Schicht für Schicht aufträgt.

Ab und zu machte er kleine Möbel, Einzelstücke. Das Holz dafür suchte er sich in der Holzhandlung sorgfältig aus, säumte es von Hand und hobelte es von Hand zu. Dabei entstand auf ganz natürliche Weise etwas Einfaches, Werkgerechtes. Nie ‚Gelsenkirchener Barock'. Die Gestaltung entsprach der Ökonomie seiner Arbeitsweise, sie ergab sich aus der Handarbeit.

Das alles habe ich damals natürlich nicht bewusst erfasst. Aber ich habe es aufgenommen und bis heute nicht aufgegeben. Es ging mir immer um das Schlichte, das Einfache. So lange ich mich zurückentsinnen kann, war es das, was ich wollte. In der Werkstatt meines Großvaters fand ich damals auch einige Kataloge der Deutschen Werkstätten, die mich beeindruckten.

Es lag für mich deshalb sehr nahe, einen gestalterischen Beruf zu lernen. Ich begann

The Early Years at Braun

In 1979 Dieter Rams wrote an open letter to Erwin Braun in which he gave an account of his early years as a designer at Braun. Erwin Braun, who, together with his brother Artur, was the company's joint CEO from 1951 to 1967, was living in Switzerland at the time. He died in 1992. The letter was published in 1989 in "Johannes Potente, Brakel, Design der 50er Jahre"[1] a book about the designer Johannes Potente.

Dear Mr Braun,

Here, a little later than promised, are my memoirs of my early professional life at Braun.

In order to get a better view of my personal development, I was obliged to write in somewhat more detail, I hope you will understand.

I believe that my attitude and my interests were strongly influenced by my grandfather, who was a master joiner. At the age of 12 or 13 I was often to be found in his workshop. My grandfather had no machines, he didn't like them, and he preferred to work alone; apprentices never did things well enough. He specialised in surfaces and I learned from him how polish wood by hand, layer by layer.

Now and then he made small, one-off pieces of furniture. The wood for these he carefully chose from the timber merchant, then edged and planed it into shape by hand. The resulting simple and utilitarian pieces came into being in a totally natural way – no 'Gelsenkirchen Baroque'. Their design reflected the economy of his way of working, they grew out of his handcraft.

Of course I was not aware of this at the time. But I absorbed it and it has been part of me to this day. I have always been concerned with the plain and the simple. For as long as I can remember, this is what I have wanted. In my grandfather's workshop I also found several catalogues from the Deutsche Werkstätten ("German Workshops") that had a great impression on me.

It stood to reason that I would train in a creative profession. At an early age, in 1947, I began studying at the Kunstgewerbeschule

1947 sehr früh mit dem Studium an der Kunst-gewerbeschule in Wiesbaden, die damals ge-rade wieder eröffnet wurde. Meine Fachrich-tung war Innenarchitektur. Nach zwei Semes-tern unterbrach ich das Studium für ein drei-jähriges Praktikum in einer Schreinerei.

Dieser Betrieb arbeitete schon ziemlich indus-triell. Die handwerklich sinnvollen Aufgaben musste ich mir selber heranholen. Dabei konnte ich gut zurückgreifen auf das, was ich bei meinem Großvater gelernt hatte. Das mag dazu beigetragen haben, dass ich mit meinem Gesellenstück Kreissieger wurde. Als ich dann mein Studium wieder aufnahm, hatten sich die Schulen schon gemausert. Sie hießen inzwischen Werkkunstschulen. Ich ging bewusst wieder nach Wiesbaden. Dort gab es einen Lehrer, der für mich sehr be-deutend war – Professor Dr. Dr. Söder. Er war einer der Mitbegründer des Konzepts der Werkkunstschulen. Wenn man diesen Mann hätte zum Zuge kommen lassen, wäre das, was später in Ulm geschehen ist, vermutlich damals schon in Wiesbaden passiert. Aber Söder konnte seine Vorstellungen nicht ver-wirklichen und zog daraufhin die Konse-quenzen. Ich entsinne mich noch an die Studentendemonstration (in dieser Zeit noch etwas Seltenes), die wir als Protest gegen die Kurzsichtigkeit der Geldgeber von Stadt und Land veranstalteten.

Damals begann ich, mich stärker auf Archi-tektur zu konzentrieren. Denn Söder war von Hause aus Architekt und hatte neben der be-reits bestehenden Abteilung „Innenarchitektur und Gestaltung für Raum und Gerät" eine Architekturabteilung etabliert. Ihm kam es sehr auf die Verbindung von Architektur und Design an.

Hugo Kückelhaus und Hans Haffenrichter wa-ren damals Gastdozenten. Es gab Kolloquien, die mich sehr beeindruckt haben. Im Ganzen war es eine sehr fruchtbare Zeit. Durch den Krieg gab es viele ältere Studenten. Ich hatte das Glück, der Jüngste zu sein.

Mein Diplom machte ich dann doch als In-nenarchitekt – mit Auszeichnung. Dann saß ich zum ersten Mal auf der Straße – im wahrsten Sinne des Wortes. 1953 war eine Zeit der Flaute. In der Architektur lief wenig. Der hektische Bau-Boom hatte die besseren, kritischeren Architekten noch nicht erreicht. Und genau da wollte ich hin. Einen vorüber-

(School of Arts and Crafts) in Wiesbaden that had just reopened. My discipline was interior design. After two semesters I interrupted my studies with a three-year apprenticeship in a carpenters' workshop.

This company worked on a fairly industrial scale. If I wanted to learn handcraft skills, I had to find them out myself. Luckily I was able to draw on what I had learned from my grand-father. That may have been the reason why I won a regional prize with my final journey-man's piece. By the time I returned to my stu-dies, the colleges had been through further changes. They were then called Werkkunst-schulen (Schools of Applied Arts). I made a conscious decision to return to Wiesbaden. There was a teacher there who influenced me a lot, Professor Dr. Dr. Söder. He was one of the co-founders of the Werkkunstschule con-cept. If this man had been allowed free rein, what later happened at Ulm would most likely have happened in Wiesbaden first. But Söder was not able to realise his agenda and drew the resulting consequences. I can still remem-ber the student demonstration (quite rare in those days) that we organised in protest against the short-sightedness of local and regional funding policies.

Back then I began to concentrate more and more on architecture. Söder was an architect by profession and had set up an architecture department alongside the department for "in-terior design and design for space and appli-ances". He was very interested in the connec-tion between architecture and design.

Hugo Kückelhaus and Professor [Hans] Haffenrichter were guest lecturers back then. Some of their lectures left lasting impressions on me. On the whole it was a very fruitful time. Because of the war, many of the stud-ents were far older than I was, and I was fortunate enough to be the youngest.

I graduated in the end as an interior designer – with distinction. Then I found myself out on the street for the first time – literally. In 1953 there was a recession. Nothing much was happening in architecture. The hectic building boom times had not yet reached the better, more discerning architects, and that is

gehenden Job bei einem Feld-, Wald- und Wiesen-Architekten verließ ich fluchtartig. Ich hatte vor, als Architekt zu arbeiten – nicht als Innenarchitekt.

Wenn es möglich gewesen wäre, hätte ich auch gerne irgendwann einmal weiterstudiert. Dabei interessierte mich besonders Städtebau, Umweltgestaltung, wie man es heute nennt. Aber ich brauchte Geld. Ich hatte ja schon mein Studium weitgehend selber finanziert. Nachdem ich mir eine Weile lang die Finger wundgeschrieben hatte mit Bewerbungen an Architekturbüros, die für mich interessant waren, klemmte ich meine Mappe mit den Abschlussarbeiten unter den Arm und klapperte Architekten im Raum Frankfurt persönlich ab. So bin ich auch bei dem Tessenow-Schüler Otto Apel reinspaziert, was mir in der Erinnerung an meine damalige Schüchternheit immer noch erstaunlich erscheint. Er blätterte in seiner forschen Art mit den Fragen ‚Was sind Sie? Was haben Sie? Was ist Ihr Vater?' meine Mappe durch und stellte mich ruck, zuck ein.

An die zwei Jahre im Büro Apel denke ich noch sehr oft zurück. Sie waren für mich entscheidend wichtig. Hier konnte ich so arbeiten, wie ich mir das vorgestellt hatte. Und hier konnte ich auch meine Kenntnisse im Hochbau erweitern. Ich möchte nicht vergessen zu erwähnen, welchen Einfluss die Zusammenarbeit zwischen Apel und dem Büro Skidmore, Owings und Merrill hatte, die damals begann. Ich glaube, dies hat mir erst ermöglicht, mit dem fertig zu werden, was bei Braun später im Bereich Industriedesign auf mich zukam. Denn was das Team von Skidmore den damaligen Chefarchitekten von Apel (alles ‚Eiermänner') vormachte, war ein Lehrbeispiel für industrielles Bauen. Ich erinnere mich, dass Sektoren für die amerikanischen Konsulate im Maßstab 1:1 aufgebaut und in allen Details eingehend studiert und gelöst wurden. Ich habe selten erlebt, dass Bauten so reibungslos über die Bühne gingen wie die drei amerikanischen Konsulate.

Wie kam ich nun zu Braun? Das war zunächst purer Zufall. Ein Kollege im Büro hatte eine Anzeige gefunden – ich glaube, es war in der Frankfurter Rundschau –, in der Radio Braun, wie man Braun damals in Frankfurt nannte, einen Architekten suchte.

Ich kannte Braun überhaupt nicht. Trotzdem bewarb ich mich. Ebenso mein Kollege. Es ging um eine Art Wette: Wer von uns beiden

where I wanted to be. I took a temporary job with a rural architect but skipped out pretty quickly. I wanted to work as an architect – not as an interior designer.

If it had been possible, I would have liked to go back to college at some point. I was particularly interested in urban planning, or environmental design as it is called today. But I needed money. I had already financed my studies myself to a large extent. After I had written my fingers raw for a while with applications to architects that I found interesting, I tucked my portfolio and my degree project under my arm and went around to all the Frankfurt architecture offices in person. That is how I came to walk into the office of the former Tessenow student Otto Apel – which considering my shyness back then still seems pretty incredible to me. He leafed through my portfolio whilst firing questions at me like: What are you? What have you done? Who is your father? And then hired me on the spot.

I often think about the two years I spent at the Apel office. They were decisively important times for me. I was able to work there just as I had imagined I would and was also able to expand my knowledge of the construction of large buildings. I must not forget to mention the influence that Apel's collaboration with the Skidmore, Owings and Merrill office had at the time either, which had just started back then. I believe that this provided the foundation for my ability to deal with what I later encountered in industrial design at Braun, since the things that the Skidmore team taught the then-chief architects at Apel (all Eiermann enthusiasts) constituted an exemplary education in industrial building. I remember how they built sections of the American consulate on a 1:1 scale in order to study and solve all the detailing. I have seldom experienced such a smooth and efficient construction process as that of those three American consulates back then.

How did I end up at Braun? At first it was purely by accident. A colleague at the office found an advertisement – I think it was in the Frankfurter Rundschau – for a job as an architect at Radio Braun, as it was called then.

I didn't know Braun at all, but applied nevertheless, along with my colleague. It was a sort of bet as to who of us would get a response.

würde Antwort auf seine Bewerbung bekommen? Ich bekam eine Antwort. Allerdings nach so langer Zeit, dass ich die Bewerbung schon wieder vergessen hatte. Man lud mich ein, in die Rüsselsheimer Straße zu kommen, ich sollte mich bei Fräulein Grohmann melden. Wenn ich mich recht erinnere, bin ich Ihnen, lieber Herr Braun, schon im Vorzimmer begegnet. Ich bin zunächst gar nicht auf den Gedanken gekommen, dass der sympathische junge Mann, der sich da mit mir unterhielt, der Chef des Unternehmens sein könnte. Erst viel später, als wir schon mitten im Gespräch waren, fiel bei mir der Groschen. Sie sahen sich, glaube ich, kurz die Arbeiten an, die ich mitgebracht hatte. Dann sagten Sie mir, dass es mehrere Bewerber für die Stelle gäbe und dass Sie beschlossen hätten, allen eine Probeaufgabe zu geben. Es ging um die architektonische Gestaltung von Räumen, die als Gästezimmer genutzt werden sollten. Schon das machte die Sache für mich plötzlich interessant. Und noch interessanter wurde es, als Sie begannen, mir von Ihren Ideen und Plänen zu erzählen und mir einiges zu zeigen. Es müssen wohl die ersten Prototypen oder Modelle der Geräte gewesen sein, die dann auf der Funkausstellung 1955 präsentiert wurden. Ich war von diesen Arbeiten Gugelots hingerissen – wie nach mir noch viele Architekten. Von mir war damals allerdings in Verbindung mit Design noch nicht die Rede. Meine Aufgabe sollte sein, an architektonischen Aufgaben mitzuarbeiten – zusammen mit dem damaligen Hausarchitekten, dessen Namen ich vergessen habe. Ich machte also die Probearbeit und schickte sie an Braun. Die Antwort ließ wieder einige Tage auf sich warten. Aber das störte mich keineswegs. Ich war ja eigentlich recht glücklich und zufrieden mit meiner Arbeit bei Apel. Es muss bereits Juli 1955 gewesen sein, als ich wieder eingeladen wurde und Sie mir die Stelle anboten.

Den Ausschlag hatte offenbar meine Probearbeit gegeben. Viel später habe ich von Hans Gugelot erfahren, dass er auch um sein Urteil gefragt worden war und für mich votiert hatte.

Ich muss gestehen, dass mir in den ersten zwei, drei Monaten bei Braun ziemlich unklar war und blieb, wie so ein Unternehmen funktionierte. Ich saß zunächst im selben Raum wie die Grafiker (so nannte man sie damals noch), die die Prospekte und Anzeigen ge-

I was the one who got an answer. However it arrived so much later that I had forgotten I had even applied. I was invited to come to Rüsselsheimer Straße and to ask for Mrs Grohmann. If I remember correctly, I bumped into you then, dear Mr Braun, in the foyer. It didn't occur to me that the friendly young man who started chatting to me could be the boss of the company. It was a while into the conversation before the penny dropped. I recall you looking briefly at the work that I had brought with me and then telling me that you had had several applications for the post and decided to give everyone a test assignment. The task was to design a set of rooms to be used as guest accommodation. Suddenly this made everything a whole lot more interesting for me. It became even more interesting when you began to tell me about your plans and ideas and to show me a few things. It must have been the prototypes for the products that were to be shown at the Funkausstellung in 1955. I was enraptured by Gugelot's designs – as were many other architects after me.

There was no hint of any connection between me and design at that point. My task would be to collaborate with the Braun house architect (whose name I can no longer remember) on various architectural projects. So I completed the test assignment and sent it off to Braun. It was once again a while before I received a reply. But I didn't mind at all. I was actually totally happy and content with my work at Apel. It must have been in July 1955 before I was invited over again, and you offered me the job.

My test design must have been what clinched it for me. A long time afterwards, Hans Gugelot told me that he had been asked for an opinion and that he had voted for me.

I have to confess that for the first two or three months I was, and remained, pretty unclear about how a company like Braun functioned. In the beginning I sat in the same room as the graphic designers (as they were still called then) who designed the brochures and advertisements. They enjoyed a certain amount of freedom to do whatever they wanted (and took advantage of it) and I had the impression

stalteten. Sie genossen eine gewisse ‚Narrenfreiheit' (die sie auch nutzten), und ich hatte den Eindruck, dass sie sich nicht gerade überarbeiteten. Das sollte sich allerdings sehr bald ändern. Ich unterstützte die Fotografen, die die Aufgabe hatten, die neuen Produkte in entsprechender Umgebung zu fotografieren. Vielleicht entsinnen Sie sich noch an dieses Problem. Ich konnte damals den Kontakt zu einem Studienkollegen herstellen, der gerade eine Knoll-Agentur eröffnet hatte. Welche Position und welche Aufgabenstellung ich genau hatte, war aber nicht ganz klar. Allerdings sorgten Sie immer dafür, dass ich interessante Projekte bekam. Zum Beispiel einen Ausstellungspavillon, der sich an den Gesundheitsdienst anschließen sollte, der damals gerade verbessert wurde. Oder auch Ihr eigenes Bauvorhaben in Königstein, das später von Hans Gugelot übernommen wurde. Ich habe meine damaligen Entwürfe aufbewahrt und erst vor kurzer Zeit wieder einmal angeschaut. Ich muss sagen, sie waren gar nicht schlecht.

„Der Spiegel" hat geschrieben, dass ich in der ersten Zeit bei Braun nur die Schreibtische gerade rücken durfte. Das ist die typische Spiegel-Schreibe. Ich habe mich auch dagegen verwahrt. Tatsächlich gab es aber damals auch eine Menge kleinerer harmloser (wenn auch wichtiger!) innenarchitektonischer Aufgaben. Ich kam dadurch mit vielen Leuten in Berührung. Ich lernte mehr und mehr, was Braun war. Von dem, was Braun werden wollte – von den Gesprächen zwischen Ihnen, Hans Gugelot, Herbert Hirche und Fritz Eichler, von den Ideen, die dort geboren wurden, und Ihrem Enthusiasmus habe ich eigentlich nur durch die Gespräche mit Ihnen etwas erfahren. Ich verstand, dass Ihre Vorstellungen und Pläne sehr breit angelegt waren. Keineswegs nur auf Produktdesign bezogen. Dass sie das Gesundheitswesen einbezogen, die Ernährung. Dass es damit auch um die Gestaltung von Arbeitsplätzen ging. Die Gestaltung des gesamten Lebensbereichs aus einer Idee, einer Einstellung heraus war vorstellbar, greifbar geworden.

Wie stand es um meine Kontakte nach außen hin in dieser Zeit? Ich wusste natürlich von Ulm, hatte aber selber noch nichts mit den Ulmern zu tun. Auch von Dr. Eichler wusste ich, hatte aber auch mit ihm noch wenig Kontakt in diesen ersten Monaten.

that they were not exactly overworked. But that was about to change. I helped out the photographers who were tasked with the job of photographing the new products in a suitable environment. Perhaps you still remember this problem? I managed to put you in touch with a former fellow student of mine who had just opened an agency for Knoll. My own position and exact job description were still unclear, but nevertheless you always made sure that I got interesting projects to deal with. For example, an exhibition pavilion that was to be attached to the refurbished health centre. Or your own building project in Königstein, which was later taken over by Hans Gugelot. I kept my designs from back then and looked at them again recently. I must say they were not that bad.

"Der Spiegel" once wrote that I was only allowed to straighten up the desks during my early career at Braun. That is a typical Spiegel statement, and I said so. In reality I was occupied with a whole load of small, harmless (but important!) interior design tasks. I came into contact with a lot of people in the company as a result and learned more and more about what Braun was. About what Braun wanted to be – about the conversations between yourself and Hans Gugelot, Herbert Hirche and Fritz Eichler, about ideas that were born then and your enthusiasm – I learned only from conversations with you. I understood that your vision and your plans were very broadly based and not at all restricted to just products. The realisation that community health, nutrition, designs for the workplace and the design of entire living areas could come from a single core idea, a single position, became conceivable and tangible.

What about my external contacts at that time? I had heard of Ulm of course, but didn't have anything to do with them at that point. I knew about Dr. Eichler too, but had little contact with him in these early months.

*Bei der Entwicklung des Kleinbildprojektors
D 50 (1959)
Myself with a model of the projector
D 50 (1959)*

Eine meiner allerersten Aktivitäten im Bereich des eigentlichen Produktdesigns bestand darin, dass ich einen ehemaligen Studienkollegen auch zu Braun holen durfte. Ich lernte damals Ihren Bruder kennen, der mich fragte, ob ich jemand wisse, der mit Gips umzugehen verstünde. Es ging um die Neugestaltung der Küchenmaschine. Jemand, der vorher für diese Dinge zuständig war (wohl eine Art Musterzeichner), hatte Braun verlassen. Ich empfahl Gerd A. Müller, der dann im Dezember 1955 als Erster zu Braun kam und im damaligen Werk 1 in direktem Kontakt mit den Technikern (im wahrsten Sinne des Wortes) anfing zu gipsen.

Etwa zur selben Zeit baten Sie mich, in Verbindung mit dem WK-Verband, ein neues Gerät zu entwerfen – als Alternative zu den Gugelot-Geräten, die mehr zu Knoll-Möbeln passen sollten. Außerdem sollte ich mich um Änderungen von Musikschränken aus Holz kümmern.

Ich war also wieder bei dem Werkstoff, mit dem ich begonnen hatte – Holz. Allerdings mochte ich es jetzt gar nicht mehr. Ich fand, dass Holz nicht das richtige Material für Radiogehäuse war. Ich meine mich zu erinnern, an einem Blechgehäuse für das Radiochassis herumgebastelt zu haben, das zu dieser Zeit in fast allen Geräten verwendet wurde. Dabei kam nicht viel heraus. Auch aus den Veränderungen der Musikschränke wurde nichts. Und ebenso wenig aus dem WK-Gerät, obwohl es irgendwann doch produziert wurde.

In diesen ersten Monaten half ich außerdem mit bei den Farbversuchen für den SK 1 und SK 2 und bei der Umwandlung des Exporters – oder, wie man heute sagen würde, dem Redesign.

Ich hatte also inzwischen eine ganze Menge zu tun und durfte mir Hilfe suchen. Im März 1956 kam Roland Weigend zu uns. Er arbeitete noch viele Jahre als Leiter der Modellbauwerkstatt in der Braun Produktgestaltung. Inzwischen war ich schon in die Nähe der Techniker gerückt und hatte ein Arbeitszimmer für mich bezogen. Kurze Zeit später stieß dann auch Gerd A. Müller zu uns, und wir drei bekamen dann zusammen einen neuen, größeren Raum, wo wir auch die ersten Einrichtungen für Modellbau aufstellen konnten. Sie waren noch sehr bescheiden. Nebeneinander standen Hobelbank, Reißbrett und Drehbank.

One of my very first achievements in product design was that I was able to bring a former fellow student to Braun. I had got to know your brother Artur, who asked me if I knew anyone who understood how to work with plaster. It was to do with the new design of a kitchen appliance. The person that was previously responsible for it (apparently some kind of prototype designer) had just left Braun. I recommended Gerd A. Müller, who was one of the first to come to Braun in December 1955 and literally took up, in the (then) Factory 1, direct contact with the technicians and started to work in plaster.

Around the same time, you asked me to design a new product in collaboration with the WK-Verband as an alternative to the Gugelot appliances that were designed to go more with the Knoll furniture. You also asked me to take care of alterations in the wooden radio and phono cabinets.

So there I was back with the material that I had started with – wood. But I didn't like it anymore. I didn't believe that wood was the right material for a radio casing.
I seem to recall that I started experimenting with a sheet metal alternative for a radio chassis instead that was being used in almost all the other appliances at the time. Not a lot came of it. Not a lot came of the alterations to the radio and phono cabinets either, or the WK appliance – although it eventually went into production.

In the first few months of my employment I was also involved in colour prototypes for the SK 1 and 2 and in changes (what we would now call redesign) to the exporter.

By then I had a lot to do and was allowed to look for someone to help me. In March 1956, Roland Weigend joined us. He went on to work for many years as head of the model workshop at Braun product design. I had established closer ties with the technicians by that time and had been given my own room. Shortly afterwards, Weigend, myself and Gerd A. Müller were given a new, larger room together where we also installed our own model building equipment. It was still very modest: a joiner's bench, a drawing board, a lathe and not much else apart from the previously mentioned plaster. And so the Formgestaltung (as we called design back then) department was born.

Radio/Radio

1956/57 SK 4
      transistor 1
      Phonokoffer PC 3
1956/57 SK 4
      transistor 1
      Portable phono PC 3

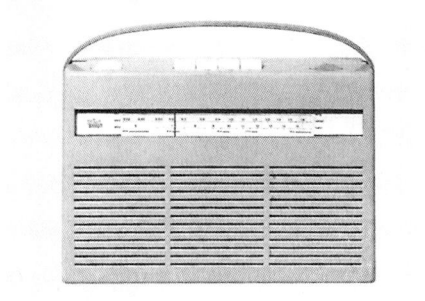

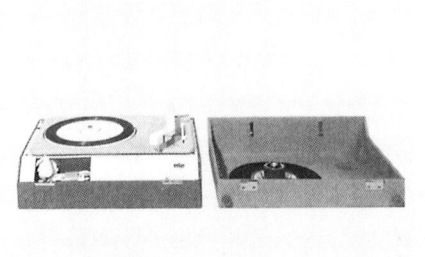

1957   atelier 1
      Vorwegnahme der Stereophonie durch
      getrennte Lautsprecher L1. Auch pas-
      send als Zusatzlautsprecher für SK 4
1957   atelier 1
      Forerunner to stereophonic system
      with two separate loudspeakers L1.
      Also suitable as additional loudspeakers
      for the SK 4

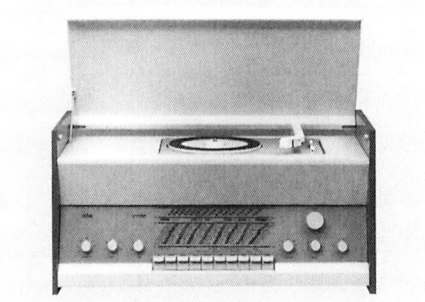

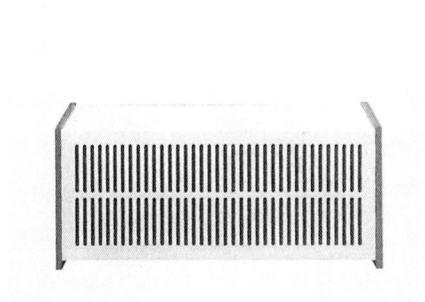

1958/59 Studio 2
      Erste HiFi-Anlage in Bausteinen: Heute
      nennt man sie Components. Dazu die
      elektrostatischen Lautsprecher LE 1
      und (für atelier) die Lautsprecher L 2
1958/59 Studio 2
      First modular/component hi-fi system.
      Electrostatic loudspeakers LE 1 and (for
      the atelier) the loudspeaker L 2

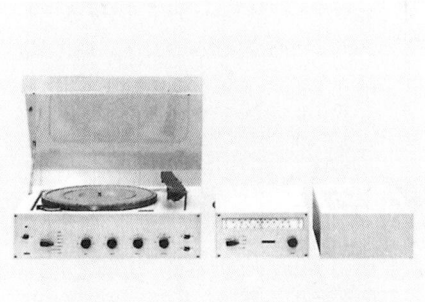

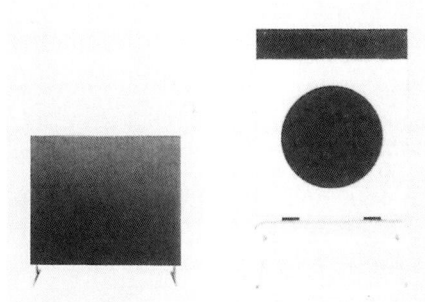

1959   Phonokombination TP 1
      mit Transistorempfänger T 4
1959   Transistorempfänger T 41
1960   Transistorempfänger T 52

1959   Phono combination TP 1
      with transistor receiver T 4
1959   Transistor receiver T 41
1960   Transistor receiver T 52

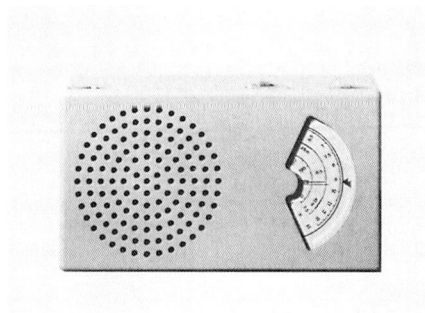

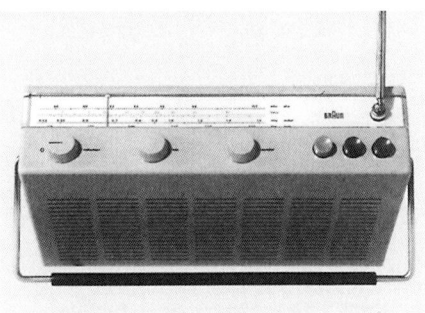

Haushalt/Household

1956/57 Küchenmaschine KM 3

1957/58 Multimix MX 3 und Multipress MP 3

1960 Handrührer M 121

1956/57 Kitchen machine KM 3

1957/58 Multimix MX 3 and Multipress MP 3

1960 Mixer M 121

Rasierer/Shaver

1956/57 Combi (Designkorrektur)

1959/60 Rasierer SM 3

1956/57 Combi (revised design)

1959/60 Shaver SM 3

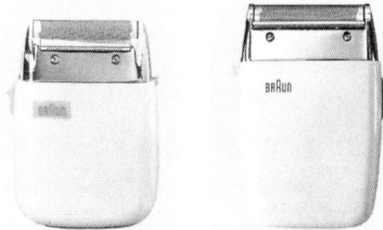

Foto/Photo

1956 Vollautomatischer
Kleinbildprojektor PA 1

1958 Hobby Special EF 2

1959 Hobby F 60

1956 Fully automatic slide projector PA 1

1958 Hobby Special EF 2

1959 Hobby F 60

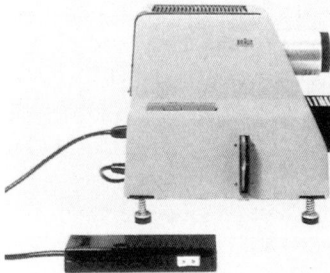

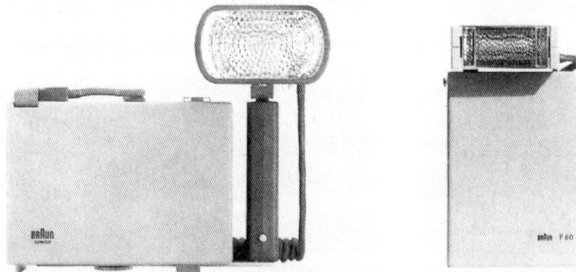

Heizlüfter/Fan Heater

1959 In Verbindung mit Laiing-Eck:
Der erste kleine und kompakte Heizlüfter
mit Tangentialgebläse H 1.

1959 In collaboration with Laiing-Eck:
The first small and compact heater with
tangential blower H 1.

Mehr hatten wir nicht – außer dem schon erwähnten Gips. Die ‚Formgestaltung‘, wie es damals hieß, war geboren.

In dieser Umgebung entstand nun das Gerät, an dessen Design ich von Anfang an mitgearbeitet habe. Es war der SK 4, der ‚Schneewittchensarg‘. Hier kam es auch zu der ersten direkten Zusammenarbeit mit Ulm, mit Hans Gugelot.

Fritz Eichler hat es einmal so formuliert: „Rams und ich hatten uns festgefahren.“ Ich war damals zu jung, um zu bemerken, dass man sich festfährt. Das wollte ich nicht wahrhaben. Aber sicher ist jedenfalls, dass es uns damals nicht gelang, unsere Ideen richtig zu interpretieren. Hier hatten wir viel zu lernen. Und gerade in diesem Punkt hatte die Zusammenarbeit, die sich zwischen Ulm, Hans Gugelot mit seinen Leuten und uns ‚jungen Leuten‘ bei Braun entwickelte, großen Einfluss auf mich. Als das Gerät schließlich geboren war (in der letzten Phase bekam es noch den Plexiglasdeckel, dem es seinen Spitznamen verdankt und ohne den heute kein Plattenspieler mehr denkbar wäre), war ich sehr glücklich. Mit dem Teilmetallgehäuse und dem speziell dafür entwickelten Chassis hatten wir ein Konzept verwirklicht, das eine ganze Generation von Geräten prägte. Zu dieser Zeit wurden die Namen der Designer noch genannt. Sie sorgten dafür, dass mein Name mit genannt wurde, woran ich mich mit Dankbarkeit entsinne.

Ich werde oft gefragt, wie es uns Designern bei Braun gelang, uns eine eigene Kompetenz zu schaffen, die Ulmer langsam „abzulösen“, bis schließlich alle Designaufgaben in der Braun Produktgestaltung gelöst wurden. Das war ein ganz organischer Vorgang. Als ich bei Braun begann, dominierten natürlich die Ulmer. Die Zusammenarbeit mit ihnen lief seit einer Weile. Ich war wenig involviert. Die Ulmer kamen und verhandelten mit Ihnen, Dr. Eichler und Artur Braun. Sie fuhren hin und ließen sich beraten. Aber zugleich kam ich Schritt für Schritt in die Arbeit hinein. Ich hatte dabei den Vorteil im Hause zu sein.

Schon durch die Architekturaufgaben hatte ich eine Reihe von guten Kontakten bekommen. Und als dann bereits in den Anfängen des Produktdesign bei Braun deutlich wurde, wie wichtig die technischen Dinge waren, saß ich sozusagen am längeren

This was the environment in which the first appliance with which I was involved right from the beginning took shape. It was the SK 4, or ‘Snow White’s coffin’. Here too came my first direct collaboration with Ulm in the shape of Hans Gugelot.

Fritz Eichler once put it like this: “Rams and I got stuck”. I was too young back then to even realise that one can get stuck. I refused to believe it. But it is true that we were not able to interpret our ideas in the right way. We had a lot to learn in this respect. This was the moment at which the collaboration that had developed between Ulm, Hans Gugelot and his people and us ‘young ones’ had the greatest influence on me.

When the radio/audio combination was finally finished (right at the end it acquired the Plexiglas lid that gave it its nickname and without which any record player is now unimaginable), I was really happy. With the partly metal housing and the specially developed chassis we had realised a concept that was to influence a whole new generation of appliances. In those days the product designers were still mentioned by name and they made sure that I was named as well – which is something that I recall with gratitude.

I am often asked how we Braun designers managed to create our own degree of authority and “supercede” the Ulmers until finally all design was taken care of by the Braun internal design department. It was a totally organic process. When I started at Braun, the Ulmers dominated, naturally. The collaboration with them had been going on for some time. I wasn’t involved that much. The Ulm designers came and dealt with you, Dr. Eichler and Artur Braun. Or you drove there and let them advise you. But at the same time, the workload was steadily increasing. I just happened to have the advantage of being in-house.

Through my architecture jobs at Braun I had already made a number of good contacts. Then, as it became clear, right at the beginning of product design at Braun, how important the technical side of things was, you could say that I happened to have the upper

Hebel. (Allerdings habe ich es mir trotz meines noch sehr bescheidenen Gehalts manche Flasche Schnaps kosten lassen, um mit besonders hartnäckigen Technikern zu einer guten Zusammenarbeit zu kommen.)

Es ging damals – und das scheint mir erwähnenswert – in hohem Maße darum, den Technikern klarzumachen, dass wir ihnen nicht die Arbeit abnehmen, sondern sie unterstützen wollten. Ich hatte viel von ihnen zu lernen, obwohl ich durch meine Studien auf technischem und konstruktivem Gebiet kein Laie war.

Natürlich war es auch ein Vorteil, dass die Techniker mich bei akuten Problemen leichter erreichen konnten. Ich konnte zu ihnen ans Brett gehen und mit ihnen zusammen schneller und besser zu einer Lösung kommen als das – wie ich auch heute noch behaupte – ein außenstehender Designer jemals kann.

Es kommt bei dieser Zusammenarbeit entscheidend auf den menschlichen Konsens an. Dr. Eichler hat das ja auch immer wieder betont. Er ergibt sich aber nur, wenn man die Arbeit der anderen genau kennt, ihre Leistung respektiert und sich immer wieder neu mit ihren Interessen auseinandersetzt. Meine enge persönliche und in manchen Fällen fast freundschaftliche Beziehung zu vielen Technikern hat sich damals entwickelt. Ich möchte behaupten, dass Braun auch heute noch von solchen persönlichen Beziehungen lebt. Ohne sie kann man kein vernünftiges Design machen. Und nichts kann sie ersetzen – auch kein noch so schlaues Marketing.

Die Zuständigkeiten in unserer jungen Abteilung waren noch nicht ganz klar definiert. Es hatte sich ergeben, dass Gerd A. Müller für die Haushaltsgeräte, einschließlich der Rasierer und ich für Blitzgeräte, den neuen Kleinbildprojektor und die Radiogeräte verantwortlich war. Roland Weigend war sozusagen Mädchen für alles. Er machte die ersten Modelle und gleichzeitig Reinzeichnungen für die Druckvorlagen der Skalen.

Die neuen Geräte, die in diesen ersten Jahren bis 1960 bei uns entstanden, sind auf den vorangegangenen Seiten abgebildet.

Bei dem Koffergerät transistor 1 hat Herbert Hirche wohl zum ersten Mal meinen Namen erfahren. Er sagte mir später, dass er das Design gelungen fand. Warum er allerdings

hand. (Admittedly it did cost me a few bottles of schnapps, despite my still very modest income, to develop a good working relationship with some of the more intractable technicians). The important issue back then – and I feel this is worth mentioning – was to make it clear to the technicians that we did not want to take the work away from them, but to support them. I still had a lot to learn from them, even though I was no layman myself thanks to my own technical and construction education.

Naturally it was also an advantage that the technicians could get hold of me more easily when there was an urgent problem. I could go with them to the drawing board and find a solution better and more quickly than any external designer – and this is a point of view that I hold to this day.

This form of teamwork depends on human consensus. Dr. Eichler always emphasised this too. It only works, however, if you really understand the other person's work, respect their accomplishment and continually re-evaluate their interests. My close relationships with many of the technicians, which in some cases became friendships, developed at that time. I would like to think that, even today, Braun continues to benefit from such personal relationships. Without them you cannot even begin to make acceptable design, and nothing can replace them, no matter how clever your marketing is.

The division of responsibilities in our young department was still not clearly defined. It so happened that Gerd A. Müller took charge of the household appliances, including the shavers, and I took over the flashguns, the new slide projector and the radio sets. Roland Weigend was a sort of "jack of all trades". He made the first models and at the same time drafted the printing templates for the scales.

The new models that we developed in these first years up until 1960 are shown on the following pages.

Most likely Herbert Hirche first got to know my name whilst we were working on the transistor 1 portable radio. He told me later that he thought the design worked well. But

annahm, dass ich Assistent von Dr. Eichler gewesen sei, weiß ich nicht. Diese Rolle spielte später Hans G. Conrad – ich nie. Ich habe mich aber bereits damals als Sprecher der langsam größer werdenden Gruppe der Produktgestalter verstanden, obwohl ich es offiziell erst 1961 wurde.

Lassen Sie mich abschließend und zusammenfassend sagen, dass ich mich natürlich keinesfalls als ,Erfinder' des Braun Design Konzepts verstehe. Aber auch nicht als den Ausführer von Ideen anderer. Es war vielleicht Zufall, dass ich mich bei Braun beworben habe. Aber ich meine, es kann kein Zufall sein, dass ich angenommen wurde und so lange blieb.

Es gab damals etwas, was mich sehr faszinierte und was ich heute sehr stark vermisse: eine wortlose Übereinstimmung der Ideen, der Pläne. Eine mitreißende Begeisterung. Ich konnte darauf so stark eingehen, weil ich, wie ich meine, immer schon „Braun Design" gemacht habe – auch als ich noch gar nichts von Braun wusste.

Wenn man mich heute fragt, ob es mir damals bewusst war, dass ich an etwas mitarbeitete, was dann 10, 20 Jahre später als kulturgeschichtliche Pionierleistung bewertet werden würde, so muss ich sagen: keinesfalls.

Man kann sich nie von außen sehen, wenn man aktiv und engagiert mitten in einem Prozess drinsteckt. Natürlich habe ich gespürt, dass hier etwas Besonderes in Gang gekommen war. Wir hatten ja alle vor, alles ganz anders zu machen. Wir arbeiteten in einer Aufbruchstimmung, die uns selber mitriss. Wir hatten Pläne und Hoffnungen, die viel weiter reichten als das, was wir schließlich verwirklichen konnten. Und wenn es vielleicht auch etwas zu hochtrabend ist, es eine kulturelle Pionierleistung zu nennen – eine respektable Leistung war es sicherlich.

Das wär's im ersten Anlauf. Sicher ergibt sich noch die eine oder andere gezielte Frage, die ich dann gerne noch versuche zu beantworten.

Mit besten Wünschen und sehr herzlichen Grüßen,

Ihr Dieter Rams

why he thought I was Dr Eichler's assistant, I have no idea. This was a role that was later played by Hans G. Conrad – never by me. By then however I already considered myself to be the spokesman for our slowly growing group of product designers – although this did not become official until 1961.

Finally, let me sum up by saying that I in no way regard myself to be the 'inventor' of Braun design. I was also not the executor of the ideas of others. It may have been an accident that I applied for a job at Braun, but I don't think it was an accident that I was taken on and ended up staying for so long.

In the early days there was something that fascinated me, and which I very much miss today: a wordless accord regarding ideas and concepts, and an infectious enthusiasm. I believe I was able to become such a strong part of it because I had always designed the "Braun" way – even before I had ever heard of the company.

If you ask me today whether I realised back then that I was working on something that 10 or 20 years later would go down as pioneering work in cultural history, I would have to say – no way.

You cannot look at yourself from the outside whilst you are in the middle of an active process. Of course I realised that something special was underway. We wanted to make everything different. We were all caught up in the new spirit of change. We had plans and hopes that reached far beyond what we were capable of ultimately realising. And while it may be a bit grandiose to call us "cultural pioneers", ours was a respectable achievement nonetheless.

That's about all for now. There are sure to be one or two specific questions that I will be happy to try and answer later.

With very best wishes and warmest regards

Your Dieter Rams

Anmerkungen

1) ... „Johannes Potente, Brakel, Design der 50er Jahre". Mit Texten von Otl Aicher, Jürgen W. Braun, Siegfried Gronert, Robert Kuhn, Dieter Rams und Rudolph Schönwandt, Köln, 1989.

Footnotes

1) ... „Johannes Potente, Brakel, Design der 50er Jahre". With texts by Otl Aicher, Jürgen W. Braun, Siegfried Gronert, Robert Kuhn, Dieter Rams and Rudolph Schönwandt, Köln, 1989.

Radio-Phono-Kombination SK 4 (1956): Die konsequente Obenbedienung (bereits bei der Braun Tischradio-Phonokombination in den 1930er-Jahren verwirklicht) wurde wieder aufgenommen. Innovativ war die transparente Abdeckung. Ihr verdankt das Gerät seinen Spitznamen „Schneewittchensarg".

Radio-phono combination SK 4 (1956). The controls were all placed on the top again, as with the Braun radio/phono combination in the 1930s. The transparent lid was an innovation that gave the system the nickname "Snow White's Coffin".

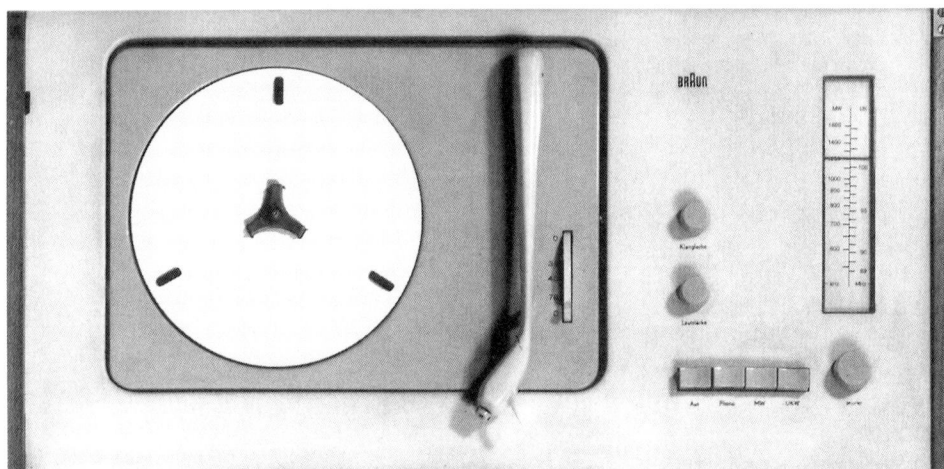

Entwürfe der Jahre nach 1955

„Nur das Beispiel vermag zu überzeugen", sagte Wilhelm Wagenfeld 1954, als er mit seiner Darmstädter Rede Erwin Braun stark beeindruckte und für die Neuausrichtung des Unternehmens Braun entscheidende Impulse gab. Als dann ab 1955 die ersten neuen Braun Geräte entstanden, haben sie tatsächlich als überzeugende Beispiele gewirkt. Sie waren ganz besonders wichtig und machten anschaulich, was gutes Design für uns war.

Seither ist viel über diese Entwürfe geschrieben worden. Erstaunlicherweise gibt es aber nur wenige Versuche, die Grundgedanken, sozusagen die Essenz dieses Design zu verstehen und darzustellen. Am klarsichtigsten erscheint mir auch heute noch die Analyse von Richard Moss, die er 1962 in der ameri-

Braun Design after 1955

"You can only convince by example", said Wilhelm Wagenfeld in 1954 in his famous speech in Darmstadt that so impressed Erwin Braun and gave such a decisive impulse to the Braun company. And when the first new Braun products appeared in 1955, they really were convincing examples that were incredibly important and gave form to what we believed to be good design.

A lot has been written about these designs since then. Surprisingly few writers, however, have attempted to understand and describe the core idea, or the essence of this approach to design. One of the most clear-sighted of these still seems to me Richard Moss,

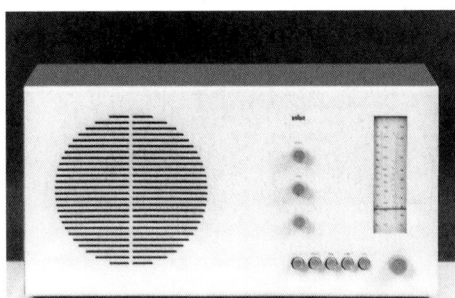

Tischsuper RT 20 (1961)

kanischen Zeitschrift „Industrial Design" veröffentlichte.

who published an analysis in 1962 in the American magazine "Industrial Design".

Für Moss ist Braun Design von drei Gesetzen bestimmt: dem Gesetz der Ordnung, dem Gesetz der Harmonie und dem Gesetz der Sparsamkeit. Das ist unzweifelhaft richtig – und es gilt bis heute. Was Richard Moss nur andeutet, für mich aber von zentraler Bedeutung ist: Die Ordnung, die Harmonie und die Sparsamkeit des Braun Design sind kein Selbstzweck, sie sind nicht Elemente eines neuen ‚Design-Stils'. Vielmehr ergeben sie sich mit großer Konsequenz aus der tiefer liegenden Intention, Geräte funktionsgerecht zu gestalten. Ein Phonogerät, eine Küchenmaschine, ein Diaprojektor, ein Rasierer mit ungeordnetem, chaotischem, verwirrendem, überladenem Design können ihre Funktionen nicht erfüllen. Auch die Harmonie des Design, also seine ästhetische Qualität, hat einen funktionalen Sinn – sie ermöglicht eine emotional positive Beziehung zwischen Gerät und Verwender.

According to Moss, Braun is defined by three rules: the rule of order, the rule of harmony and the rule of economy. This is absolutely correct and still applies today. But something Richard Moss only hinted at, and which is of central importance for me, is that the order, the harmony and the economy of Braun design are not self-serving; they are all elements of an entirely new 'design style'. Further, they arise with great consequence from a far deeper intention – to design functional, user-friendly products. A record player, a kitchen appliance, a slide projector or a shaver with disorderly, chaotic, confusing or overloaded design cannot fulfil its functions. The harmony of a design too, its aesthetic quality, also has a functional purpose – it facilitates a positive emotional relationship between a device and its user.

Steuergerät atelier 1 mit zweitem, externem Lautsprecher L 1 – war für viele Jahre die wichtigste Gerätekombination im Braun Programm.

Control unit atelier 1 with a second, external loudspeaker L 1 – for many years for this was the most important combination within Braun's programme.

Ich möchte, in Anlehnung an Richard Moss, noch ein viertes ‚Gesetz' nennen, von dem das Braun Design geprägt ist: die Langlebigkeit. Durch die Konzentration auf das funk-

Following from Richard Moss, I would like to add a fourth 'rule' that affects Braun design: longevity. By concentrating on the necessary functional aspects, through order and

tional Notwendige, durch die Ordnung und Harmonie, durch das Weglassen alles Nebensächlichen und Überflüssigen entstehen Produktgestalten von hoher Bündigkeit. Sie bestehen jenseits aller Moden. Sie pointieren das Wesentliche. Es ist deshalb kein Zufall, dass zahlreiche Braun Geräte jahrzehntelang mit unverändertem Design hergestellt und verkauft werden konnten.

harmony, by leaving out the incidental and the unnecessary, you arrive at product designs that are extremely concise. They exist beyond all fashion and point towards the essential. It is therefore no coincidence that numerous Braun appliances could be produced and sold for decades with little change to their overall design.

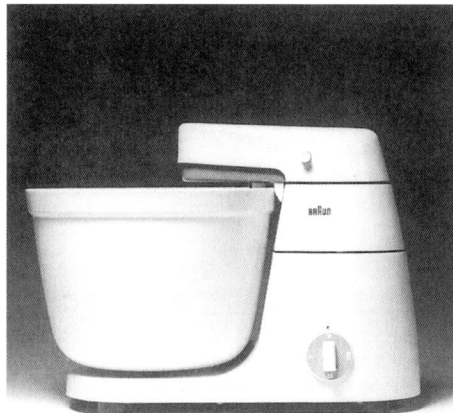

Küchenmaschine KM 3 (1957): Das Gerät wurde über zwei Jahrzehnte lang – bis 1993 – nahezu unverändert hergestellt.
Kitchen machine KM 3 (1957): This unit was in production, almost unaltered, for well over two decades until 1993.

Rechts: Der Standmixer Multimix MX 3 (1958) ist eines der langlebigsten Braun Produkte überhaupt.
Right: The Multimix MX 3 (1958) mixer was in production longen than any other Braun appliance.

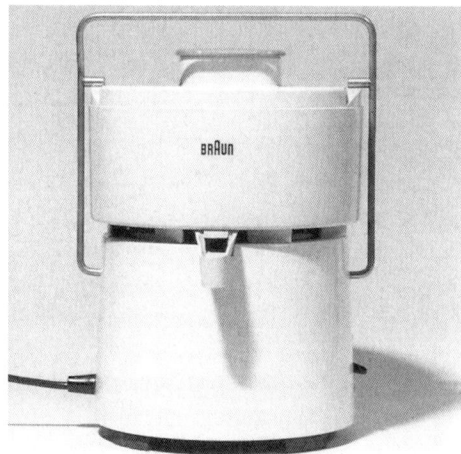

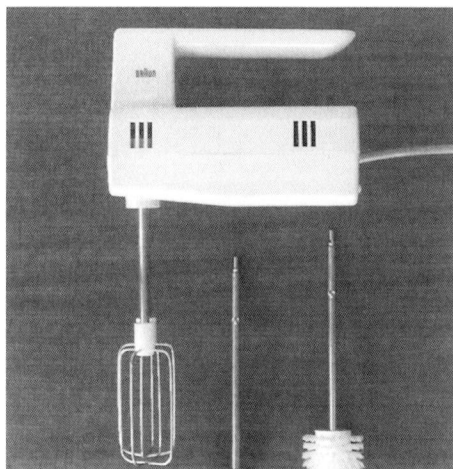

Links: Handrührer M 1 (1960): Das erste Gerät seiner Art auf dem deutschen Markt hat diesen Produkttyp populär gemacht.
Left: Hand mixer M 1 (1960). The first unit of this kind on the German market made this product type popular.

Saftzentrifuge Multipress MP 3(1957)
Juicer Multipress MP 3(1957)

Unten: Diaprojektor PA 1 (1956): Der erste vollautomatische Diaprojektor auf dem deutschen Markt ergänzte das erfolgreiche Blitzprogramm.

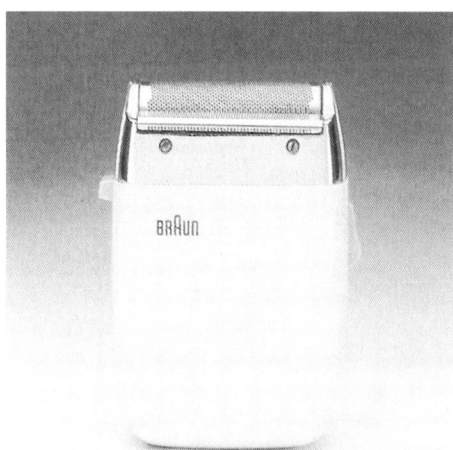

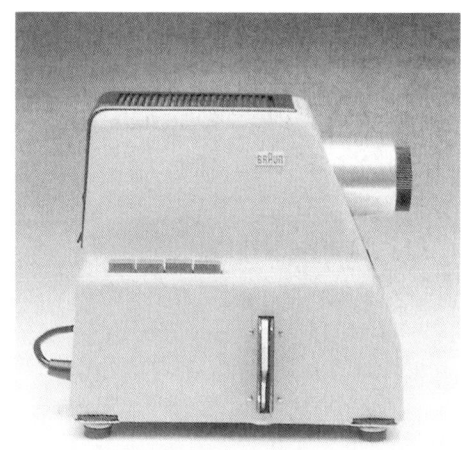

Elektrorasierer SM 3 (1960): Der Vorläufer des legendären „sixtant", der dann erstmals ein Gehäuse aus matt behandeltem schwarzem Kunststoff hatte.

Electric shaver SM 3 (1960): The forerunner of the legendary "sixtant" which came with a black plastic housing.

Slide projector PA 1 (1956): The first fully automatic slide projector on the German market complemented the successful flash programme.

Taschenempfänger T 41 (1959) und
Plattenspieler P 1 (1959).
Pocket receiver T 41 (1956) and
record player P 1 (1959).

*Die Phonokombination TP 1 ist meiner Meinung
nach der frühere Vorläufer des Welterfolgs
Walkman.*
*In my opinion, the TP 1 phono combination is
an early predecessor of the universally
successful Walkman.*

Mobil Hören
Portable Sound Systems

Ein derart funktionsorientiertes Design war
immer sehr stark von der technischen Entwicklung bestimmt und wird auch in Zukunft
von ihr bestimmt werden. Die Braun Taschenempfänger, die wir Ende der 1950er-Jahre
gestalteten, wären ohne die damals innovative
Transistortechnik nicht möglich gewesen.
Transistoren waren nicht nur viel kleiner als
Röhren, sie brauchten auch weniger Strom.
Zum ersten Mal war so ein Empfänger möglich, den man buchstäblich in die Tasche
stecken konnte.

Die kleinen Transistoren-Radios T 3, T 4 und
T 41, die 1958/59 und 1962 auf den Markt
kamen, gehörten zu den ersten in Deutschland. Sie hatten die denkbar naheliegendste
Grundform: einen flachen Kubus. Das Design
folgte dem Gedanken ‚Weniger, aber besser'.
Das Gehäuse bestand aus zwei Thermoplast-
schalen, einem (ebenfalls neuartigen) Gehäu-
seaufbau, den wir bereits zwei Jahre zuvor für
das Koffergerät transistor 1 entwickelt hatten.
Der Lautsprecher beim T 3 lag hinter einem
quadratischen Lochfeld. Beim T 4, der ein
Jahr nach dem T 3 entstand, waren die
Lautsprecherlöcher dann kreisförmig angeordnet.

Functionally oriented design of this kind has
always been strongly influenced by technological development, and will continue to be so
in the future. The Braun pocket radios that we
designed at the end of the 1950s would not
have been possible without the new transistor
technology at the time. Transistors were not
only far smaller than valves, they also required
much less power. This meant that for the first
time it was possible to make a radio receiver
that you could literally put in your pocket.

The little transistor radios T 3, T 4 and T 41
that came onto the market in 1958/59 and
1962 were amongst the first in Germany.
They had the simplest possible basic form: a
flattened cuboid. The design followed the
principle of 'less, but better'. The casing was
made of two thermoplastic shells, another
innovation that we had developed two years
earlier for the transistor 1 portable set. The
T 3 speaker was situated behind a quadratic
perforated area; with the T 4 a year later, the
speaker perforations were arranged in a
circular pattern.

Besondere Aufmerksamkeit haben wir immer der Gestaltung der Bedienungselemente gewidmet. Jede Lösung wurde mit großer Sorgfalt durchdacht und nutzte alle technischen Möglichkeiten. Im Laufe der Jahre haben Braun Designer oft auch sehr wirksa-

We always paid particular attention to the design of the operating elements. Every solution was thought through with great care and made use of all technical possibilities. Over the years the Braun designers often suggested highly effective solutions for the technical improvement of operating elements.

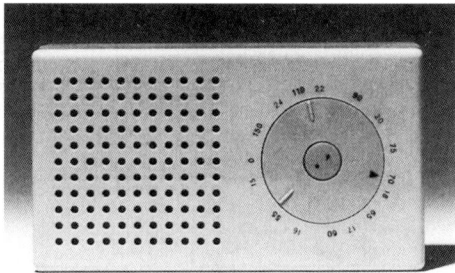

Taschenempfänger T 3/T 31 (1958)
Pocket receiver T 3/T 31 (1958)

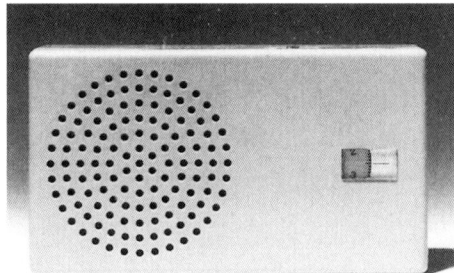

Taschenempfänger T 4 (1959)
Pocket receiver T 4 (1959)

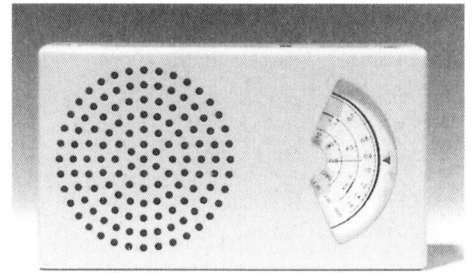

Taschenempfänger T 41 (1962)
Pocket receiver T 41 (1962)

me Anstöße für die technische Verbesserung von Bedienungselementen gegeben. Beim T 3 und seinen Nachfolgern wurden die Ein/Aus-Schalter und Lautstärkeregler sinnvollerweise versenkt. Die Sender wurden beim T 3 mit einer kreisförmigen Scheibe gewählt. Beim Nachfolgegerät war die Scheibe verdeckt und ein kleines Fenster zeigte den gewählten Sender. Bei dem dritten Gerät der Reihe, dem T 41, der drei Wellenbereiche hatte, entschieden wir uns dann für ein fast halbkreisförmiges Fenster, das einen großen Teil der Skala zeigte.

1959 stellte Braun einen miniaturisierten Plattenspieler für die damals üblichen 45er-Platten vor. Die Platte wurde auf dem Gerät arretiert und von unten abgetastet. In seinen Abmessungen war der Plattenspieler genau auf die Taschenempfänger abgestimmt, so dass sich beide Geräte mit einer Halterung verbinden ließen und der Benutzer ein mobiles Phonogerät in Händen hielt – einen frühen Vorläufer des Welterfolgs Walkman. Für die damalige Zeit waren die Braun Taschenempfänger und die Gerätekombination TP 1/2 durchaus innovativ.

With the T 3 and its successors, the on/off switch and volume control were sensibly recessed. With the T 3 you could select your station with a circular disc. In later models this disc was hidden and a small window indicated the selected station. With the third model in the series, the T 41, which had three wavelengths, we chose an almost semicircular window display that revealed a larger portion of the scale.

In 1959 Braun introduced a miniaturised record player for the 45rpm records common at the time. The record was placed on the appliance and played from below. The record player's proportions were exactly oriented around the pocket receiver so both appliances could be fastened together with a handle allowing the user to carry a mobile record player around in his or her hand – it was a forerunner of the international hit called the Walkman. In their time, the Braun pocket radio and the TP 1/2 combination were absolute innovations.

Neben den kleinen Taschenempfängern gab es die größeren, leistungsfähigeren Koffergeräte transistor 1 (1956) und T 52 (1961). Schon Mitte der 1930er-Jahre hatte Max Braun netzunabhängige, tragbare Koffergeräte gebaut, die damals allerdings noch die Abmessungen und das Gewicht kleiner Koffer hatten. Erst die Transistortechnik erlaubte uns ein Vierteljahrhundert später die Gestaltung wirklich kompakter, handlicher Portables. Das war als Aufgabe interessant und ich finde das Ergebnis auch aus der Distanz von fast 60 Jahren noch akzeptabel. Die Bedienungselemente sind oben auf der Schmalseite, die Skala auf der Frontseite angeordnet. An einem Lederriemen wurde das Gerät getragen, dessen Gehäuse aus zwei Kunststoffschalen bestand. Bei dem Nachfolgegerät T 52 wurden dann sämtliche Bedienungselemente auf der Oberseite angeordnet – eine Lösung, die für lange Jahre das Design von Kofferempfängern prägte und außerdem die Verwendung des Geräts als Autoradio erlaubte.

Alongside the small pocket receivers there were also the larger, more powerful portable radios transistor 1 (1956) and T 52 (1961). Braun had been producing wireless portable radios since the mid-1930s, but back then they were the size and weight of small suitcases. It took until the advent of transistor technology, a quarter of a century later, for us to be able to produce genuinely compact portables. It was an interesting challenge and with hindsight, some 60 years later, I still find the results acceptable. The operating elements are on a small face at the top and the dial is situated on the front. There is a leather carry strap and device casing comprised of two plastic shells. The subsequent model, the T 52, had all the operating elements situated on top – a solution that became definitive for years in portable radio design. This arrangement also allowed the device to be used as a car radio. For this it was placed in a holder and could be removed when you got out

Kofferradio transistor T 521 (1962)
Portable transistor radio T 521 (1962)

Der Tragegriff ist zugleich Bügel zum Aufstellen des Gerätes

Heizlüfter H 1 mit Tangentialgebläse (1959)
Blow heater H 1 with tangential fan (1959)

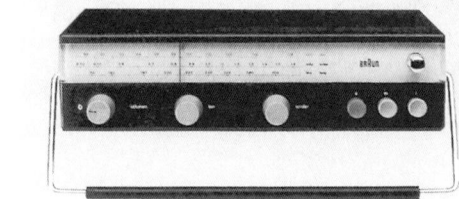

The handle is also used as support

Koffertransistor T 2 (1960): Alle Bedienungselemente sind an der Oberseite angeordnet.
Portable transistor T 2 (1960): All operating elements were arranged on the top.

Es wurde in eine Halterung eingesetzt und konnte wieder herausgenommen werden, wenn man ausstieg. Als Diebstahlschutz ist diese Lösung auch heute wieder aktuell. Damals hatte sie aber allein den Grund, dass sich viele Käufer ein eigenes Radiogerät nur für das Auto gar nicht leisten konnten.

of the car. This solution has become relevant again today for theft prevention, but back then it was because many buyers simply could not afford an additional radio for their cars.

Raum und Gerät
Rooms and Units

Die Beziehung zwischen der meist vom Bauhaus geprägten anspruchsvollen Architektur der 1950er-Jahre und dem seit dieser Zeit neu entstehenden Braun Design sind unübersehbar. Besonders eindeutig lässt sich das an den Musikwiedergabegeräten ablesen, die ja ein bestimmendes Element im Raum sein können. Es ist alles andere als ein Zufall, dass die

The relationship between the high-quality, mostly Bauhaus-influenced architecture of the 1950s and the new Braun design of the time is unmissable. It is particularly clear with the music systems that became defining interior elements. It was no coincidence that the model apartments at the 1957 international building exhibition 'interbau' in Berlin were

Studio 2 (1959) mit Lautsprecher LE 1 (1969) im Knoll Ausstellungsraum in Wiesbaden.
Studio 2 (1959) with loudspeaker LE 1 (1969) in the Knoll showroom in Wiesbaden.

Musterwohnungen der internationalen Bauausstellung ‚interbau' 1957 in Berlin nahezu ausnahmslos mit Braun Geräten eingerichtet waren. Damals war Dr. Fritz Eichler bei Braun für Design und Kommunikation verantwortlich und wies 1963 in einem Brief an Wilhelm Wagenfeld auf diesen Zusammenhang hin: „Die neuen Radiogeräte sollten sich in guten, modernen Wohnungen auch sehen lassen können; sie sollten sich dort wohltuend und selbstverständlich einfügen." Als einen der Richtpunkte für das Design von Braun nannte Fritz Eichler dann auch zeitgenössische Möbel, etwa solche von Florence Knoll und Charles Eames. „Unsere Geräte", schrieb Eichler, „waren für Menschen [gedacht], deren Wohnung keine Bühnendekoration für unerfüllte Wunschträume darstellt, sondern einfach ist, geschmackvoll, praktisch."

furnished, almost without exception, with Braun appliances. Dr Fritz Eichler was responsible for design and communication at Braun at the time and described this affinity in a 1963 letter to Wilhelm Wagenfeld: "The new radio appliances should sit well in good, modern apartments; they should blend in in a pleasant and self-evident manner". Fritz Eichler also cited contemporary furniture such as those from Florence Knoll and Charles Eames as reference points for Braun design "Our systems", he wrote, "were [conceived] for people who want their interiors to be simple, tasteful and practical, not filled with set decoration for unfulfilled daydreams".

Bausteine
Modules

Seit Ende der 1950er-Jahre entwickelte Braun spezialisierte Geräte für die originalgetreue Musikwiedergabe und wurde zum Wegbereiter der High Fidelity in Deutschland. Unser Gestaltungskonzept für diese ersten HiFi-Anlagen war damals ganz neuartig und hatte eine große Plausibilität. Es vermochte das Design in diesem Produktbereich nachhaltig und im Grunde unverändert bis heute zu prägen. Wir gestalteten die Funktionseinheiten – Plattenspieler, Verstärker, Radio – als einzelne Geräte. Die Bausteine hatten dieselben Abmessungen. Sie ließen sich also nebeneinander oder übereinander anordnen. Man konnte – das war ein weiterer Vorteil des

From the end of the 1950s onwards, Braun developed specialised systems for the purest high-quality sound reproduction and paved the way for high fidelity in Germany. Our design concepts for these first hi-fi systems were completely new and had a high degree of credibility. They influenced design in this product segment in an enduring manner that has not changed to this day. We designed the separate function areas – record player, amplifier, radio, etc. – as individual appliances. These building blocks had the same dimensions, which meant they could be arranged side by side or stacked on top of one another.

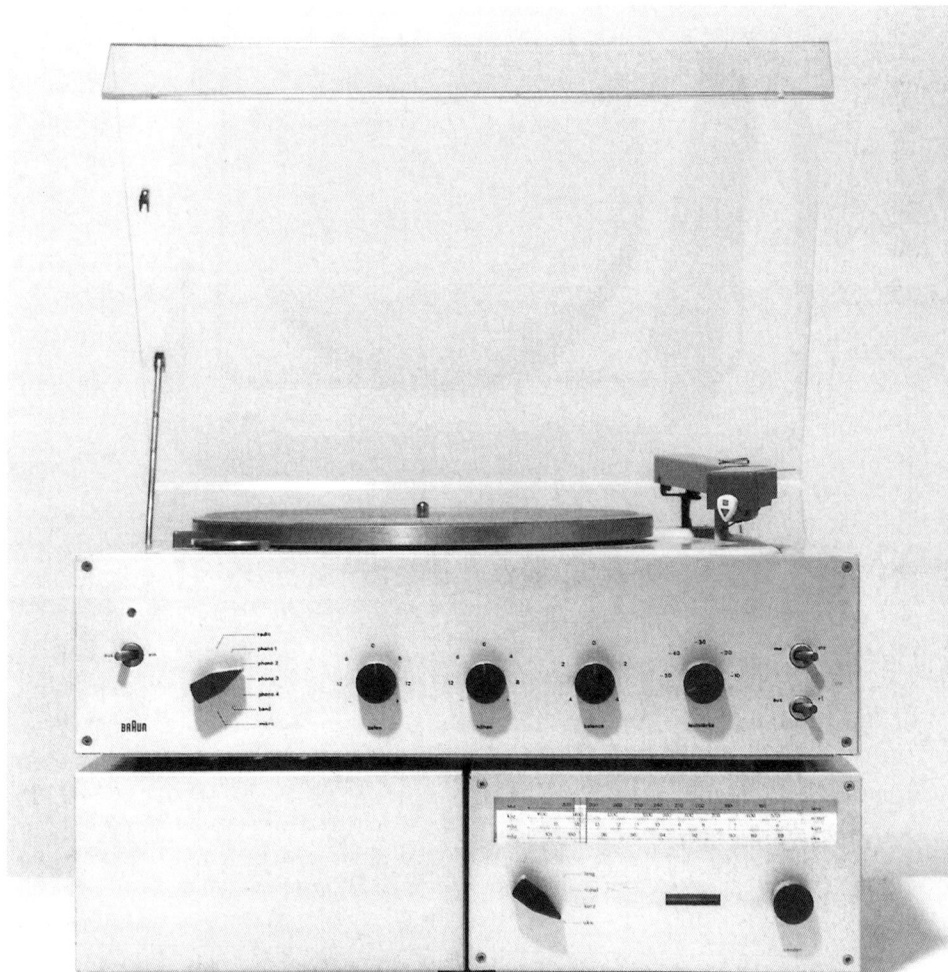

Die erste Braun HiFi-Anlage und eine der ersten überhaupt: Das Steuergerät CS 11, der Endverstärker CV 11 und der Empfänger CE 11. Die aus diesen Bausteinen zusammengestellte Anlage trug den Namen studio 2.

The first Braun hi-fi system was one of the first hi-fi systems ever produced. The studio 2 system comprised: the CS 11 control unit, the CV 11 amplifier and the CE 11 tuner.

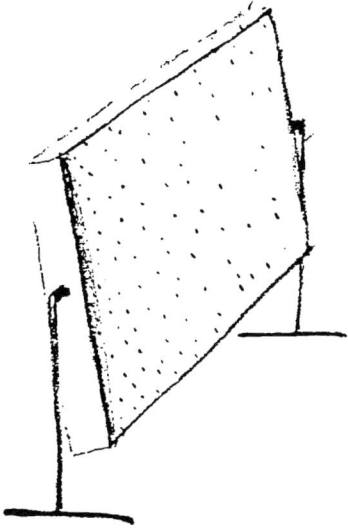

Der elektrostatische Lautsprecher LE 1 wurde in Lizenz von Quad hergestellt und hatte eine eindrucksvolle Wiedergabequalität.

The electrostatic loudspeaker LE 1 was produced under licence by Quad and had impressive sound quality.

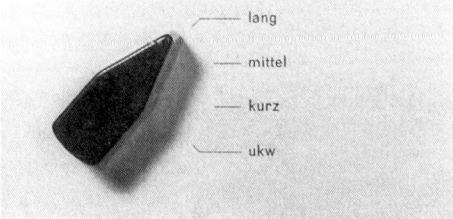

Der pfeilförmige Schalter zum Einstellen der Wellenbereiche signalisiert sowohl Funktion als auch Bedienung ganz unmissverständlich.
The arrow-shaped wavelength switch clearly indicates both function and operation.

Bausteinkonzepts – die Geräte einzeln kaufen und eine Anlage schrittweise zusammenstellen. Konsequenterweise waren die HiFi Bausteine als strenge Kuben gestaltet. Ihre Gehäuse bestanden aus abgekantetem Stahlblech, die Frontplatten aus mattgebürstetem Aluminium. Die Bedienungselemente – zylindrische Knöpfe, richtungsorientierte Schalter – waren sorgfältig gestaltet und angeordnet. Besondere Aufmerksamkeit legten wir auf die Produktgrafik, eine deutliche, leicht verständliche Beschriftung der Bedienungselemente. Hier wurde die damals neue Siebdrucktechnik eingesetzt.

Unser innovatives Design zeigte sich auch bei den elektrostatischen Lautsprechern Braun LE 1 von 1960. Hier wurde eine großflächige, sehr leichte Membran auf ihrer gesamten Fläche angetrieben. Die Wiedergabequalität war eindrucksvoll klar und transparent. Sie wurde damit dem Charakter der Musik gerecht, die wir in diesen Jahren besonders schätzten: Jazz, aber auch die Musik des Barock.

Another advantage of this concept was that you could buy the modules individually and put together your own system step by step. The hi-fi units were thus designed in strict cuboid forms. The casings were made of bevelled sheet steel and the fronts from brushed aluminium. The operating elements – which were cylindrical knobs and directional switches – were designed and arranged with great care. We paid particular attention to the product graphics and a clear, easy to understand labelling of the individual operating elements. For this we used a screen-printing technique that was newly invented at the time.

Our innovative design was also visible in the Braun LE 1 electrostatic speakers from 1960. They had a large, very light membrane covering the whole surface, which produced an impressively clear and transparent sound – perfect for the genres of music that we loved listening to at the time: jazz, and also Baroque.

Gerätesystem
Systems

Das Steuergerät audio 1 von 1962 ist in mehrfacher Hinsicht ein Markstein in der Entwicklung von HiFi-Geräten. Die Transistortechnik machte es damals möglich, auch bei einem Netzgerät mit hoher Leistungsfähigkeit, vollständig auf Röhren zu verzichten. So erreichten wir eine Bauhöhe von nur 11 cm. Die Oberseite des Gerätes war damit blick- und griffgünstig niedrig. Sinnvoller noch als beim SK 4 konnte sie als Bedienungsfläche genutzt werden. Man hat später oft hervorgehoben, dass alle Elemente – von den Skalen, Knöpfen, Schaltern bis hin zu den Befestigungsschrauben – streng geordnet platziert sind. Tatsächlich steckt in der Gestaltung der Schnittstelle, wie man heute sagen würde, viel Denkarbeit. Das Ziel war ein Gerät, das sich einfach, sicher und angenehm bedienen lässt. Wie bei früheren und späteren Geräten sollte die sorgfältige Durchgestaltung bis ins Detail auch die hohe Wiedergabequalität widerspiegeln. Wie kaum ein anderes HiFi-Gerät hat das audio deshalb Anerkennung und auch Nachahmung erfahren.

The audio 1 control unit from 1962 represented a milestone in hi-fi development for a number of reasons. Transistor technology made it possible to do without valves completely, even in a powerful electrical appliance such as this. Thus we were able to achieve a height of just 11 centimetres. This meant that the slim top of the module was both easy on the eye and easy to handle. It could also be used better than with the SK 4 for the arrangement of the operating elements. It has often been commented upon that all these elements – from the dials, knobs and switches to the retaining screws – were carefully designed and arranged, and it is true that a lot of brainpower, as we would say today, went into this interface. The aim was to make a unit that was simple, easy and pleasant to operate. As with other earlier, and later, appliances, the thorough, careful design, right down to the

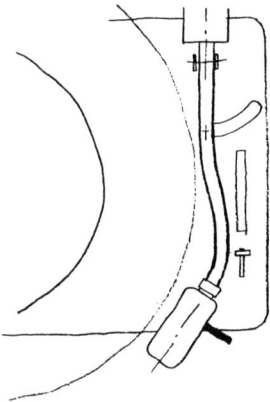

Skizze für den Tonarm von audio 1
Sketch for the pick-up arm of audio 1

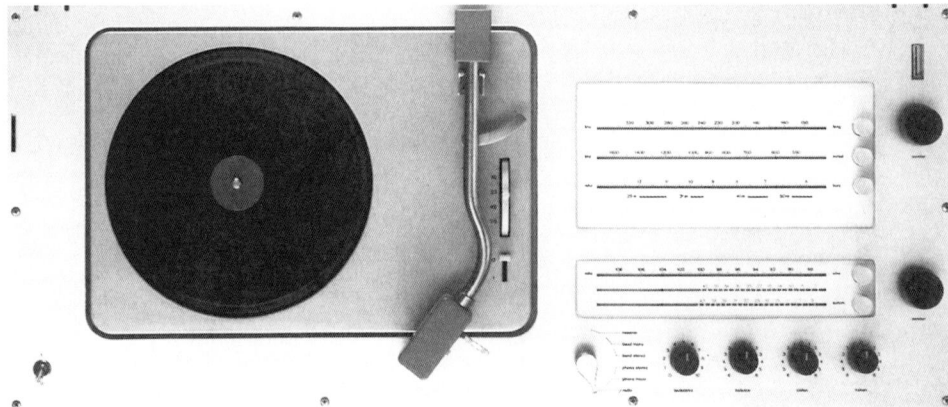

audio 1 (1962) – das erste volltransistorisierte Steuergerät

audio 1 (1962) – the first fully transistorized control unit

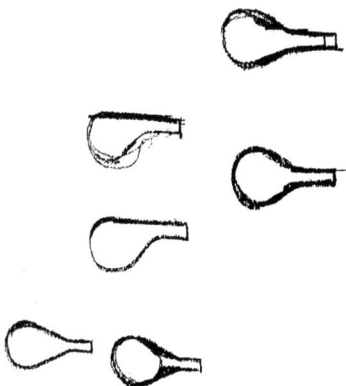

Skizzen für den Drehschalter, mit dem die Funktionsbereiche eingestellt werden
Sketches for the operational switch

Wir hatten damals vor, vom audio ausgehend, ein System von Wiedergabegeräten zu entwickeln – Tonbandgerät, Plattenspieler und Steuergerät ebenso wie Fernsehgerät und Lautsprecher. Man sollte sich mit diesem System eine Anlage gleichsam maßschneidern können. Natürlich waren die Abmessungen genau aufeinander abgestimmt. Die Geräte konnten nebeneinander oder als Turm übereinander aufgestellt werden. Sie ließen sich aber auch an der Wand montieren. Im Arbeitszimmer meines Hauses in Kronberg habe ich seit damals eine wandmontierte Anlage. (Abb. siehe Seite 40 und 41)

details, also intended to reflect the high sound quality as well. As a result the audio hi-fi system reaped praise and imitators like no other.

Our aim at the time was to develop a sound system around the audio unit – tape player, record player and control unit, as well as a television and speakers. The idea was that you could customise your own system. The proportions were of course harmonised accordingly. The modules could be placed side-by-side or stacked in a tower, they could even be wall-mounted.

*Überlegungen zum Aufbau der verschiedenen,
möglichen Komponenten.
Reflections on the assembly of various possible
components.*

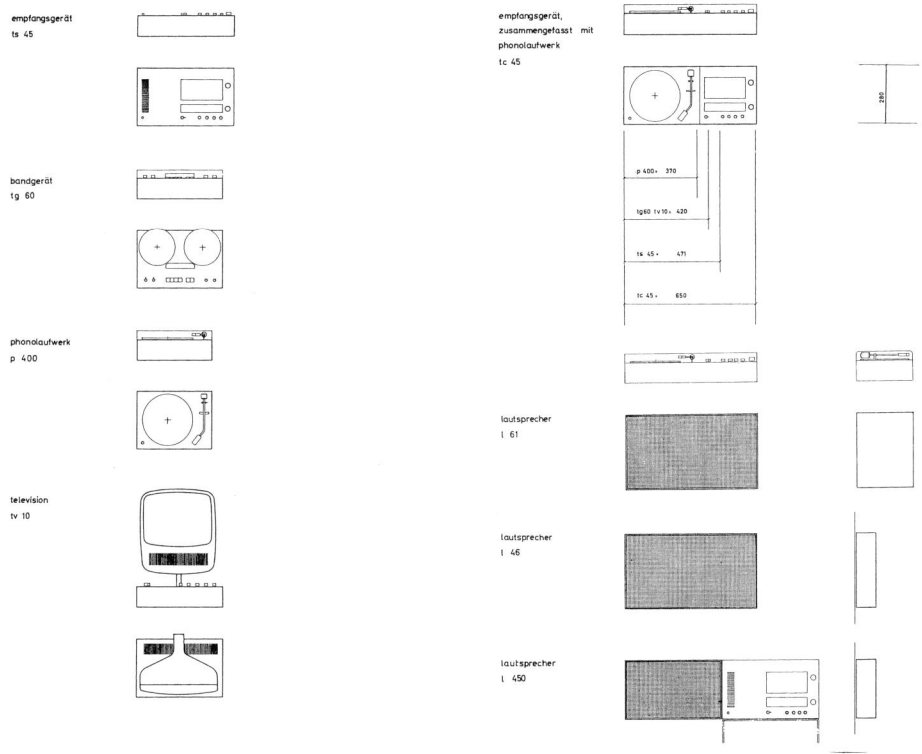

empfangsgerät
ts 45

bandgerät
tg 60

phonolaufwerk
p 400

television
tv 10

empfangsgerät,
zusammengefasst mit
phonolaufwerk
tc 45

p 400 · 370

tg60 tv10 · 420

ts 45 · 471

tc 45 · 650

lautsprecher
l 61

lautsprecher
l 46

lautsprecher
l 450

*Designstudie eines TV-Geräts mit drehbarem
Bildschirm
Design study of a TV set with rotating screen*

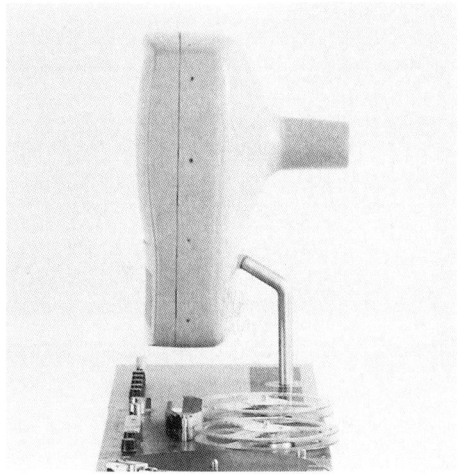

Die Geräte passten schließlich in ein Wand-
regal von Vitsoe (606), das von mir entworfen
worden war, in ein Wieser-Regal und ein
String-Regal. Vorarbeiten für dieses audio-
System waren bereits durch Hans Gugelot
und Herbert Lindinger von der Hochschule für
Gestaltung in Ulm geleistet worden. Braun
realisierte allerdings nicht alle der geplanten
Module. Das erste Tonbandgerät des Unternehmens, das TG 60, kam 1963 auf den
Markt. 1965 folgte das Fernsehgerät FS 600,
das ins audio-System passte. Im Laufe der
Jahre entstanden mehrere Nachfolgegeräte
für das audio 1 (audio 2 / audio 250 / audio
300). Sie behielten weitgehend dasselbe
Aussehen, boten aber noch höhere Wiedergabequalität. audio 2 war mit einem neu entwickelten, besser integrierten Plattenspieler
ausgestattet.

I have had such a wall-mounted system in my
office in my house in Kronberg ever since
(see pages 40 and 41). The units also fitted
into the Vitsoe (606) shelving system that I
designed, as well as the Wieser and String
shelf systems. The initial concepts for this
audio system came from Hans Gugelot and
Herbert Lindinger at the Ulm School of
Design. But, in the end, Braun did not to produce all of the planned modules. The company's first tape player, the TG 60, came onto
the market in 1963. This was followed in
1965 by the FS 600 television, which fit the
audio system. Over the years there were a
number of successor units to the audio 1
(audio 2 / audio 250 / audio 300). They were
aesthetically much the same but offered better sound. The audio 2 came with a newly
developed, better integrated record player.

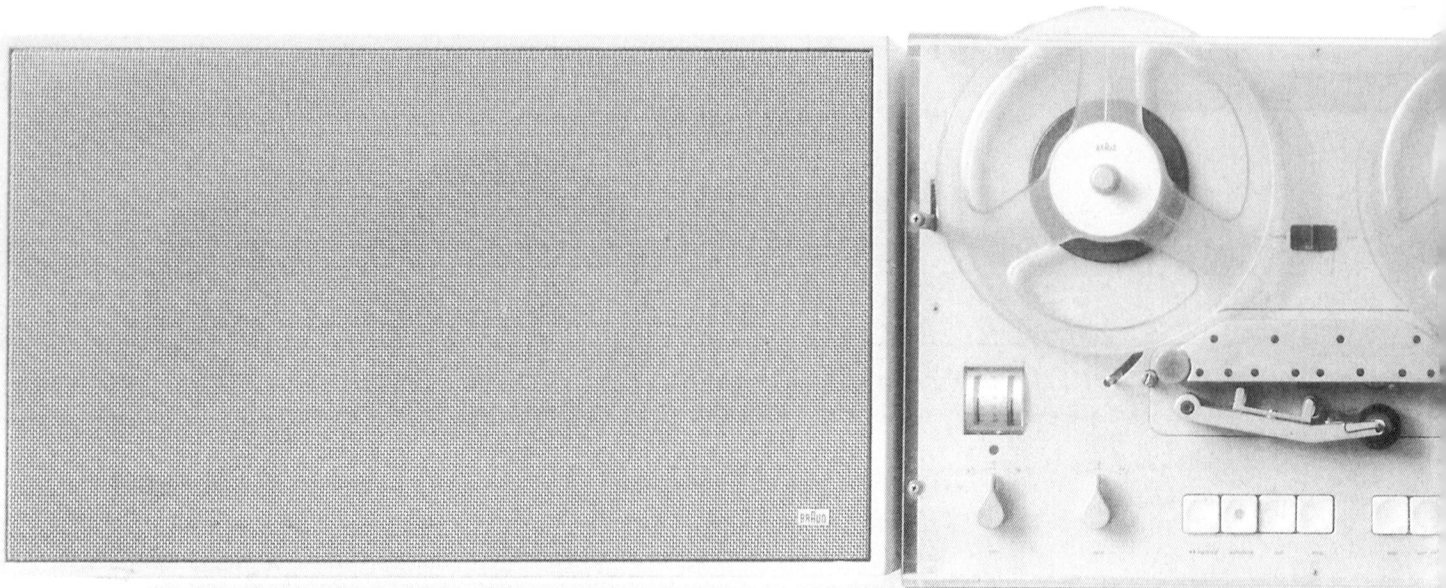

Wandmontierte audio-Komponenten:
Steuergerät TS 45, Tonbandgerät TG 60 und
die Flachlautsprecher L 450

Wall-mounted audio components:
control TS 45, tape recorder TG 60 and
slim loudspeaker L 450

Handskizzen zur Anordnung der Geräte bei
Wandmontage
Sketches for a wall assembly

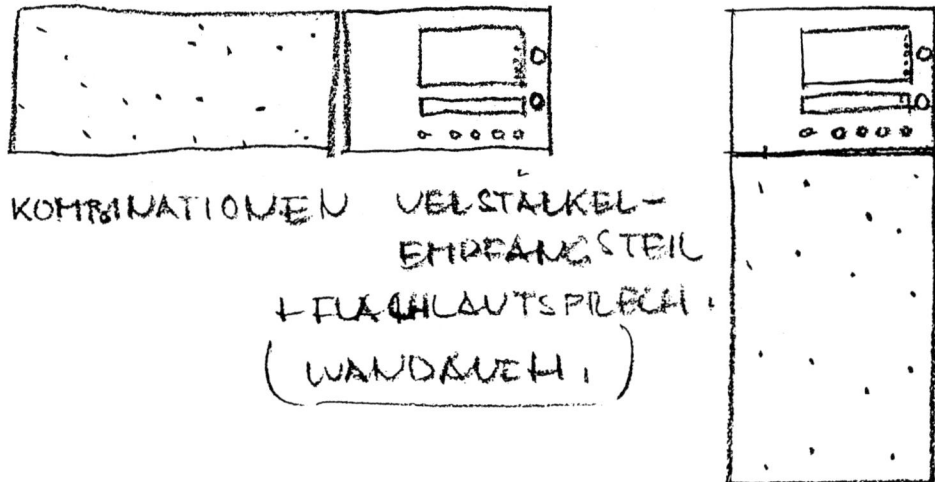

Alle audio-Komponenten hatten ein Gehäuse aus Stahlblech, weiß oder in einem leicht aufgehellten Schwarz beschichtet. Die Abdeckplatten bestanden aus Aluminium, die Bedienungselemente waren hell- oder dunkelgrau und der Netzschalter wie bei allen folgenden Braun HiFi-Geräten grün. Farbe wurde grundsätzlich sehr sparsam und immer als Information eingesetzt. Wie schon bei den

All of the audio modules had sheet steel casings in white or very dark grey. The cover panel was aluminium and the controls were light or dark grey, except the power switch, which, like all Braun hi-fi appliances that followed, was green. Colour was always used extremely sparingly and then only to provide information.

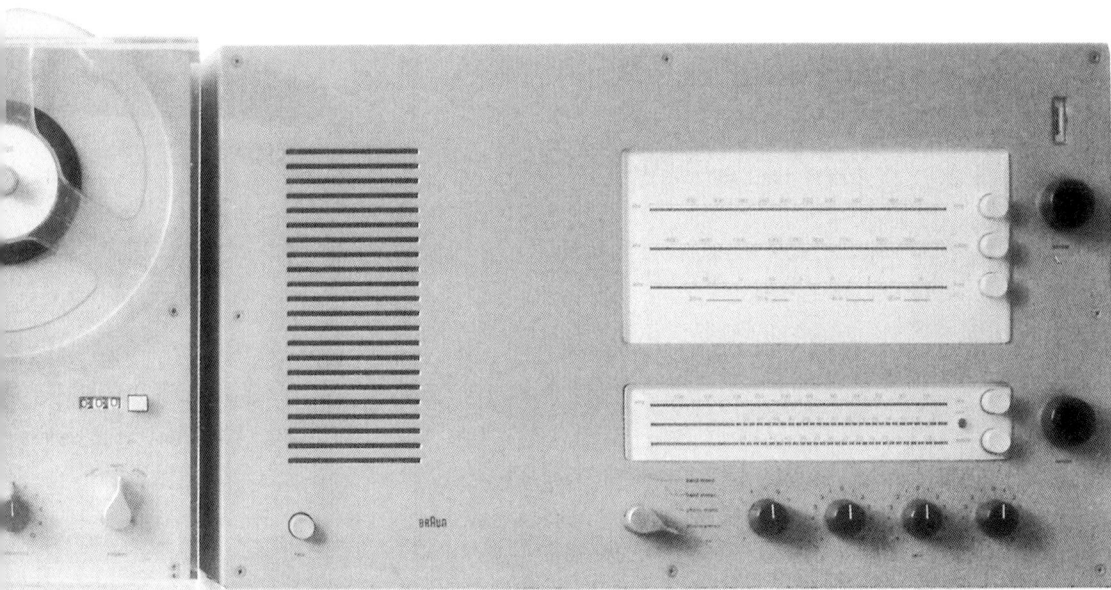

Für das audio-System wurde ein spezielles
Fußgestell gestaltet – hier mit audio 2, Tonband-
gerät TG 60 und Fernseher FS 600.
A special base was constructed for the audio
system – here with an audio 2, tape recorder
TG 60 and the TV set FS 600.

vorhergehenden Geräten und wie bei allen folgenden hatte audio eine glatte, aufgeräumte Rückseite, um auch frei im Raum aufgestellt werden zu können. Bei audio 2 waren die Anschlüsse verdeckt an der Unterseite des Gerätes angeordnet. Das machte es möglich, das Steuergeräteteil TS 45 wie ein Bild an der Wand zu montieren.

As with all previous and subsequent models, the audio series had a smooth, uncluttered back side, so that it could be situated free-standing in a room. With the audio 2 the connections were concealed on the system's underside, allowing the TS 45 control module to be hung on the wall like a picture.

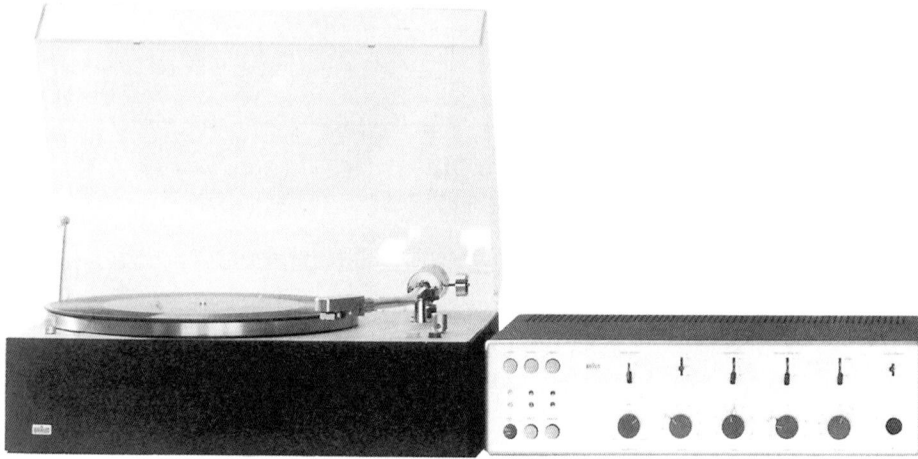

HiFi-Bausteinanlage studio 1000 (1965)
HiFi-Tonbandgerät TG 1000 (1970)
Hi-fi modular unit studio 1000 (1965)
Hi-fi tape recorder TG 1000 (1970)

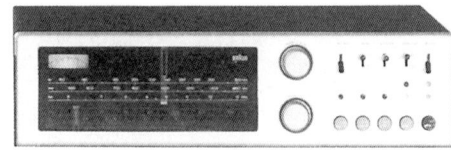

High Fidelity

Die HiFi-Technik entwickelte sich zu Anfang der 1960er-Jahre in rasanter Geschwindigkeit weiter. 1965 stellte Braun eine neue, große Baustein-Anlage vor: studio 1000. Sie nutzte kompromisslos alle damals verfügbaren technischen Möglichkeiten und bot eine für die Zeit eindrucksvolle Wiedergabequalität. Auch das Design hatte sich weiterentwickelt. Im Grunde begann mit studio 1000 die Ära der schwarzen HiFi-Geräte, die bis heute andauert. Alle Seiten, außer der Frontseite waren mit einem Strukturlack in leicht aufgehelltem Schwarz versehen.

Die dunkle Farbe ließ die Geräte dichter und kompakter wirken, war Ausdruck ihrer technischen Leistungsfähigkeit. Statt der mit sichtbaren Schrauben befestigten Frontseiten vorhergehender Braun HiFi-Bausteine, hatten die Geräte von studio 1000 Frontplatten aus tiefgezogenem Aluminium mit gerundeten Kanten – eine Lösung, die damals zum ersten Mal in der von uns gewünschten Qualität realisiert werden konnte. Die Drehknöpfe für die Sendersuche waren groß und griffig. Die Gestaltung der Schalter und Knöpfe, die Produktgrafik und die Platzierung aller Elemente war noch detaillierter durchgearbeitet.

In the early 1960s, hi-fi technology continued to develop at a rapid pace. In 1965 Braun introduced a new, larger, modular system called the studio 1000. It took uncompromising advantage of all the technical possibilities available and had excellent sound quality for its time. The design was developed further as well. The studio 1000 heralded the beginning of the era of the black hi-fi system. All surfaces, except the front, were coated in a slightly lightened black structured paint finish.

The dark colour made the units appear more dense and compact and indicated their high technical capabilities. The studio 1000 modules also had aluminium front plates with rounded edges – a solution that we were able to realise for the first time in a good enough quality. The tuning knobs were large and easy to grip and the design of the switches and knobs, as well as placement of various elements, was reworked in even greater detail.

HiFi-Ela-Anlage EGZ (1969) für den professio-
nellen Einsatz
Hi-fi Ela system EGZ (1969) for professional
use

Design Studie Oszillograph
Design study of an oscillograph

Design für Lehrspiele
Educational Game Design

Elektronische, aber auch viele elektrische Geräte sind für die meisten Menschen ‚black boxes'. Man hat keine Vorstellung mehr davon, was in ihrem Inneren vorgeht. Braun – in den 1960er-Jahren ein bedeutender Hersteller von elektronischen Geräten – sah es als interessante und wichtige Aufgabe, ein Lernspiel

For most people electronic and even electrical appliances are just 'black boxes'. You have absolutely no idea anymore about what happens inside. As a leading manufacturer of electronic appliances in the 1960s, Braun felt it would be both interesting and important to

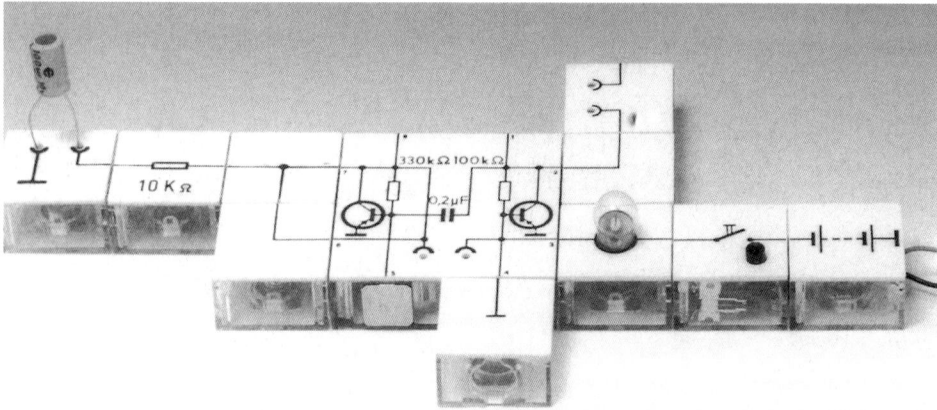

Beispiel für eine der experimentellen Schaltungen, die man mit dem Lernspielzeug Lectron aufbauen konnte.
Example of one of the experimental circuits that could be assembled with the Lectron.

zu entwickeln, mit dessen Hilfe sich durch viele einfache Experimente elektronisches Grundwissen vermitteln ließe. Das Experimentier- und Lernsystem Lectron kam 1969 auf den Markt. Es war in seiner Idee und Gestaltung neuartig. Das Design entstand in enger Zusammenarbeit mit Elektronikern, Pädagogen und Kommunikationsfachleuten und hatte die Entwicklung eines Lehrspielzeugs zur Aufgabe, das zugleich einfach, leicht verständlich, vielseitig und robust sein musste.

develop an educational game that communicated a basic knowledge of electronics via a series of simple experiments. The resulting Lectron experimenting and learning system, that was introduced in 1969, was brand-new in terms both concept and design. It was designed in close collaboration with electronic engineers, educators and communication experts and our brief was the development

Nicht realisierter Entwurf eines elektromechanischen Lern- und Experimentierspielzeugs mit dem Arbeitstitel „Der Weg zum Knopf".
Design for an electromechanical learning and experimenting toy with the working title: "The Way to the Button" (not produced).

Es sollte Kinder und Jugendliche zum kreativen, spielerischen Experimentieren anregen. Zum System gehörten Bausteine wie z.B. Transistoren, Dioden, Kondensatoren oder Widerstände, mit denen man auf einer Metallplatte Schaltungen zusammenstellen konnte.

of an educational toy that had to be simple, easy to understand, versatile and robust all at once. It was intended to encourage children and teenagers to experiment in a creative and playful way.

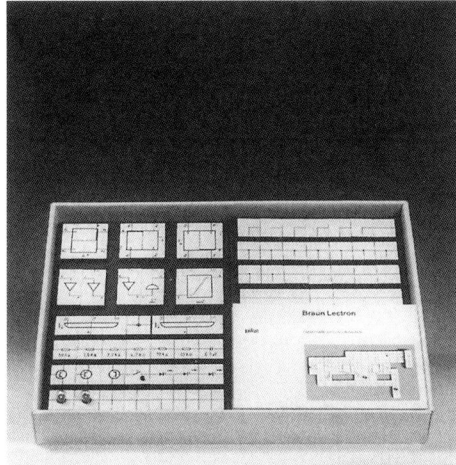

Zum Lectron gehörten elektronische Bausteine und ein umfangreiches Experimentierbuch.

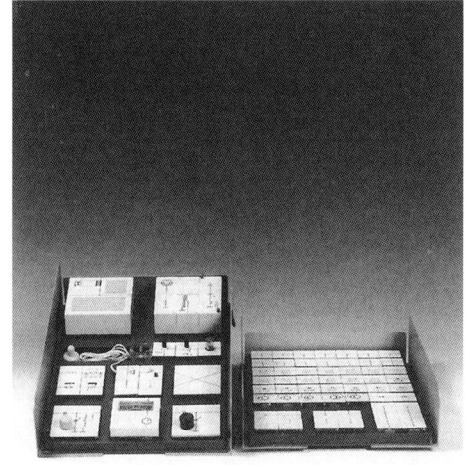

The Lectron included electronic modules and a comprehensive booklet for experiments.

Die Bausteine waren kleine Kuben aus transparentem Kunststoff. Die weiße Oberseite zeigte die Funktion des Bausteins an und machte den Stromweg mit informativer Produktgrafik anschaulich.

Ein wenig vorher, 1967, war bereits der Entwurf zu einem ähnlichen Spielzeugsystem entstanden, der aber nicht realisiert wurde. Das Thema war hier die Verbindung von Elektrik und Mechanik. Mit wenigen Elementen sollten Kinder im Vorschulalter eine Vielzahl von einfachen elektromechanischen Konstruktionen aufbauen können. Vorgesehen waren Funktionsbausteine wie Motor oder Getriebe, Verbindungsbausteine und Zusatzbausteine wie etwa Zahnräder. Die Bausteine konnten einfach zusammengesteckt werden. Wie bei Lectron war es auch hier die Hauptaufgabe für das Design, ein Spielzeug sehr einfach und leicht verständlich, also fast abstrakt – zugleich aber auch reizvoll und phantasieanregend zu gestalten.

The system had building blocks that contained transistors, capacitors, resistors or diodes that you could use to build circuits by joining them on a metal plate. The building blocks were small cubes made of transparent plastic. Their white surfaces showed the function of each block and illustrated the direction of current with informative graphics.

In 1967, a couple of years earlier, we designed a similar game system that didn't make it into production. The theme here was the combination of electricity and mechanics that would enable pre-school children to build a multitude of electromechanical constructions from a few simple elements. The plan was to provide functional building blocks, such as motors and drives, and additional or connecting elements, such as gear wheels. All the building blocks could be plugged into one another. As with the Lectron, the design's main task was to create a toy that was very simple and easy to understand; almost abstract, yet simultaneously stimulating and exciting to the imagination.

Weltempfänger
The World Receiver

Designstudie für ein tragbares Fernsehgerät:
TV 1000 (1965)
Design study for a portable TV set:
TV 1000 (1965)

Weltempfänger T 1000 (1963): tragbares
Gerät für Rundfunk- und Telegrafieempfang
World receiver T 1000 (1963): portable units
for radio and telecommunication

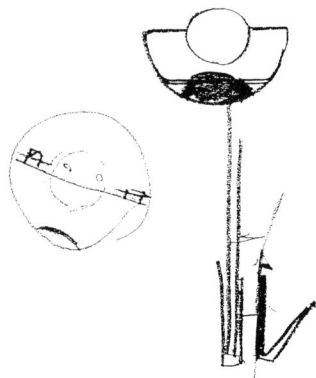

Entwurfskizze für den Bandbreitenumschalter
Preliminary sketch for the wavelength switch

Mit dem Weltempfänger wurde eine ganze Gattung erfunden. Sein Name war so neu wie das Konzept dieses Portables, das für manche – auch für einige Designer-Kollegen – zu den besonders gelungenen Entwürfen dieser Jahre gehört. Er war ein Gerät, das ein ganz unverwechselbares Design hatte, ein ‚Gesicht', das eine deutliche Faszination ausstrahlte, zugleich aber von der Grundform bis hin zu den kleinsten Details konsequent daraufhin gestaltet war, seinen Zweck optimal zu erfüllen. Der Weltempfänger T 1000, seit 1963 angeboten, war ein hochleistungsfähiges Empfangsgerät für alle Wellenbereiche. Es wurde vielfach für Kurzwellenempfang genutzt, konnte aber zum Beispiel auch mit Zusatzteilen als Navigationsinstrument eingesetzt werden. Als Portable sollte T 1000 möglichst kompakt und geschlossen sein, brauchte als Weltempfänger aber eine sehr große Skala und zahlreiche Bedienungselemente. Es kam uns darauf an, dem Gerät eine möglichst hohe Selbsterklärungsqualität zu geben. Man sollte es auf Anhieb verstehen und sicher bedienen können. Ein wichtiges Element ist der an der Schmalseite rechts platzierte, einklappbare Bandbreitenumschalter. Die Bedienfläche konnte durch einen hochklappbaren Schutzdeckel geschlossen werden.

With the World Receiver, Braun created a whole new species. The name was as new as the concept for this portable device that was considered by some to be one of the most successful designs of the decade. It had an entirely unmistakable design, a 'face', that radiated fascination, yet it was still consistently designed right down to the tiniest detail to optimally fulfil its function. Introduced in 1963, the T 1000 World Receiver was a high performance radio receiver for all wavelengths. It was often used for short-wave reception but it could also, with additional parts, be used as a navigation instrument. As a portable instrument, the T 1000 needed to be as compact and self-contained as possible, but as a world receiver it needed a very large scale and numerous control elements. Our task was to make the device as self-explanatory as possible. The user should be able to understand it straight away and operate it with confidence. An important element was the foldaway wavelength switch situated on the right side. The operating panel could also be covered with a protective flap. The T 1000 World Receiver, used and treasured for years by aficionados, was to be the last portable that Braun developed.

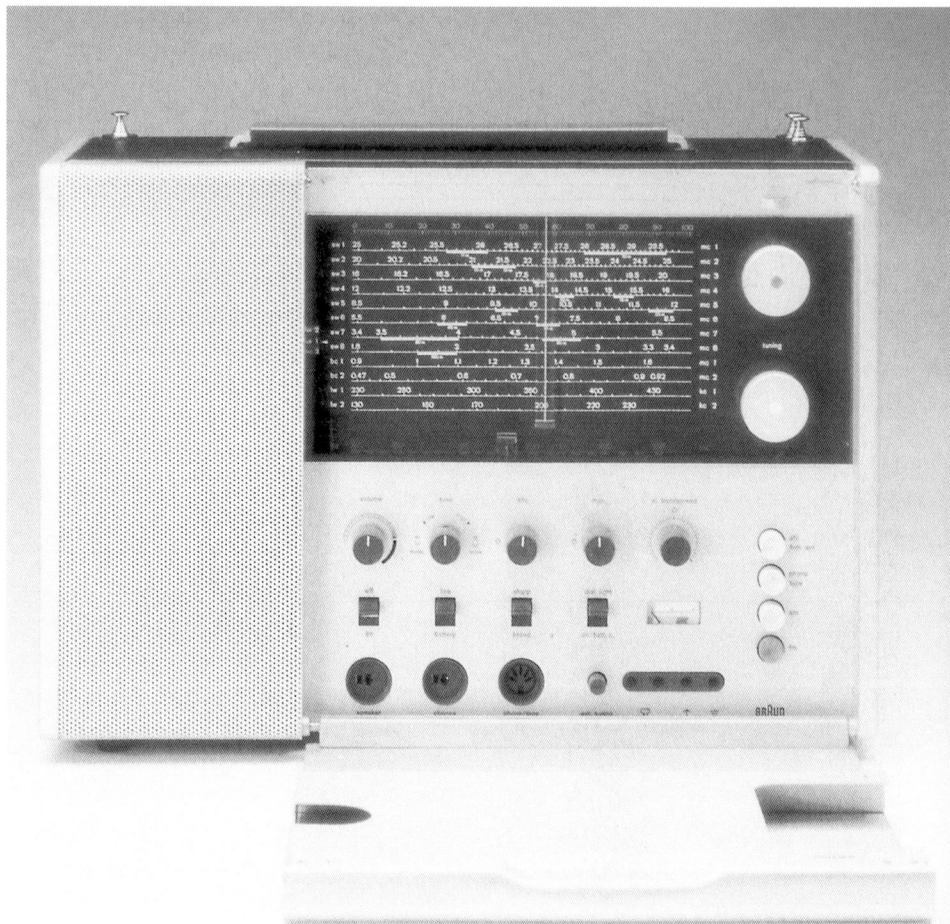

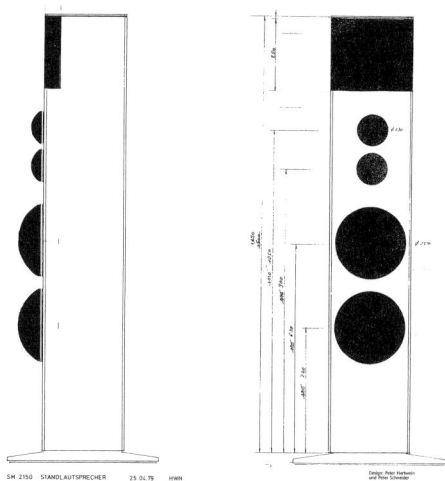

Skizze für Lautsprechersäule studiomaster
Drawing: studiomaster loudspeaker column

Studio System integral

Die HiFi-Steuergeräte vom regie 500 (1968) bis zum regie 550 d (1978) hatten eine Höhe von zehn Zentimetern. Das Ziel bei der Entwicklung einer neuen Generation von leistungsfähigen Geräten war es, diese Höhe zu halbieren. Alle Bauteile wurden auf einer einzigen Leiterplatte angeordnet. Das Gerät konnte damit insgesamt so flach sein wie Leiterplatte plus Gehäuse – etwa fünf Zentimeter. Es gab 1978 keine Geräte mit vergleichbarer Ausstattung und Leistung, die ähnlich kompakt waren. Zum Studio System integral gehörten das Steuergerät RS 1 und die Kombination Plattenspieler und Kassettenrecorder PC 1. Man konnte die Geräte übereinander oder nebeneinander anordnen. Die Bedienungselemente waren beim Steuergerät an der schmalen Vorderseite konzentriert.

The integral Studio System

The hi-fi control units from the regie 500 (1968) up to the regie 550 d (1978) were all ten centimetres high. Our aim in the development of the next generation of high performance sound systems was to halve this height. All the components were arranged on a single circuit board so that the unit could be essentially as flat as a circuit board plus casing – which is about five centimetres. In 1978 no other hi-fi unit with comparable capacity and performance was as compact as this. The integral Studio System comprised the RS 1 control unit, and the PC 1 combination record player and cassette deck. The system could be stacked or arranged side by side. The controls were grouped together on the control unit's front panel.

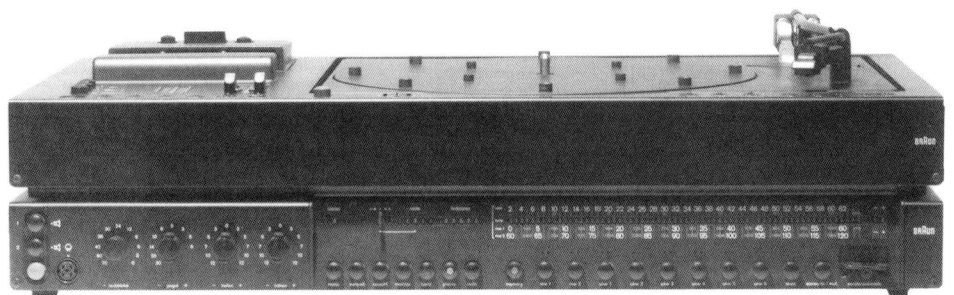

HiFi-Anlage Studio System integral (1977)   *Hi-fi integral Studio System (1977)*

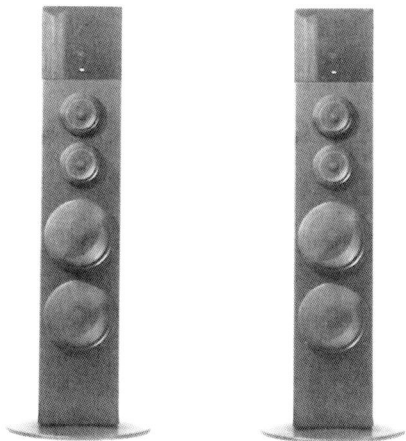

Lautsprechersäule studiomaster 2150 (1979)
studiomaster 2150 loudspeaker column (1979)

Ein weiterer wichtiger Entwurf vom Ende der 1970er-Jahre ist die damals ganz neuartige Lautsprechersäule studiomaster 2150 (1979). Die Grundidee war hier, das große Volumen, das für eine gute Basswiedergabe nötig ist, in einer hohen, schlanken Säule unterzubringen. Die sechs Lautsprechersysteme sind übereinander angeordnet, Tief- und Mitteltöner werden von einer abnehmbaren Abdeckung in Kalottenform verborgen. Das Konzept der Lautsprechersäule hat viele andere Hersteller bis heute zu ähnlichen Lösungen angeregt.

An additional important design of the late 1970s was the studiomaster 2150 speaker tower (1979), whose concept was also totally new. The main reasoning behind the design was to organise the large volume capacity needed for the bass speaker in a tall, narrow column. The six loudspeakers were stacked on top of one another with the low and midtone speakers protected by mesh cages. This idea of a speaker tower continues to inspire the designs of other manufacturers to this day.

Vor gut 30 Jahren, um 1980 also, entwickelten wir schließlich das Konzept für die, wie sich zeigen sollte, letzte HiFi-Anlage von Braun. Die Grundgedanken dieses Design und ihre Umsetzung können bis heute überzeugen. Die einzelnen Geräte sind konsequent als Baustein gestaltet. Sie haben alle

In 1980, more than 30 years ago, we developed a concept for what turned out to be Braun's last hi-fi system. The principal design and construction of this system has remained convincing until today. The individual units were consequently designed as building blocks with the same proportions.

Die Bausteine sind als geschlossene Körper gestaltet und haben abgeschrägte Frontseiten.
The modules are designed as closed bodies with slanting front panels.

*Links: HiFi-Bausteinanlage atelier mit
Plattenspieler P 4, Kassettenrecorder C 4 und
CD-Player CD 4 (1986)
Left: Modular hi-fi system atelier, with record
player P 4, cassette deck C 4 and CD Player
CD 4 (1986)*

dieselben Abmessungen. Man kann sie neben- oder übereinander anordnen. Die Gerätekörper sind rundum geschlossen und an den Fronten angeschrägt, was sie schlanker wirken lässt. Die Gestaltung und Platzierung aller Elemente folgt einer deutlichen Ordnung. Selten gebrauchte Bedienungselemente verschwinden hinter Klappen. Die Rückseiten sind glattflächig, denn auch die Ausgänge sind von Klappen verdeckt. Mit einem speziell für diese Anlage entwickelten Fuß kann atelier deshalb frei im Raum aufgestellt werden.

1990 verabschiedete sich die Marke Braun nach rund sechs Jahrzehnten mit einer limitierten ‚Last Edition' des atelier-Systems aus der Welt der Musikwiedergabegeräte.

The units can be stacked or laid side by side. The modules' bodies are sealed and angled at the front, which makes them appear even slimmer. Each element's design and positioning follows a clear order and seldom-used elements are hidden behind flaps. The backs of the units are smooth, since all the outputs are also concealed by flaps. A specially designed pedestal allows the atelier system to stand freely in the middle of a room.

In 1990, after nearly six decades, Braun bade farewell to the world of sound reproduction completely with a limited 'Last Edition' of the atelier system.

Die Seitenansicht des Fernsehers TV 3

*Die Rückseiten sind glattflächig, die Ausgänge
von Klappen verdeckt und die Kabel werden in
einem flexiblen Rohr geführt.
The modules' back sides are generously spaced,
outgoing connections covered by flaps, and
cables hidden within flexible tubes.*

Diaprojektor D 40 (1961) mit offenliegendem Magazin
Slide projector D 40 (1961) with open magazine

Diaprojektor D 300 (1970)
Slide projector D 300 (1970)

Fotoaufnahme- und Wiedergabegeräte
Photography and Projection Units

Über zwei Jahrzehnte hindurch haben wir uns auch mit der Gestaltung von Projektoren, Filmkameras und Elektronenblitzgeräten beschäftigt. 1956 entstand der Diaprojektor PA 1/2 – Anfang der 1980er-Jahre kamen die letzten Braun Fotogeräte auf den Markt.

Im Rückblick scheint es mir die beachtenswerteste Leistung zu sein, dass unsere Entwürfe für Projektoren, Blitzgeräte und Kameras ausgeprägte, funktionsgerechte Produkttypen entstehen ließen. Sie haben das Design in diesen Bereichen stark beeinflusst. Die Braun Blitzgeräte und Projektoren und die Super-8-Kameras, die unter der Marke Braun Nizo angeboten wurden, waren durchweg innovativ, leistungsfähig und hochwertig. Braun gehörte jahrzehntelang zu den bedeutendsten Herstellern der Welt.

For more than 20 years we were involved in the design of projectors, film cameras and electronic flash guns. Our first slide projector, the PA 1/2, was produced in 1956 and the last Braun photographic equipment came onto the market in the early 1980s.

In retrospect I think it is a remarkable achievement that our designs for projectors, flashguns and cameras had such a strong direct influence on the creation of functional and shapely product types in this category. The Braun flashguns, projectors and Super 8 cameras, marketed under the name of Braun Nizo, were without doubt innovative, with high performance and quality. For decades Braun was one of the most important manufacturers worldwide of such products.

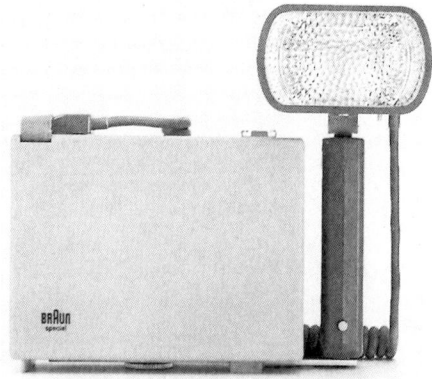

Elektronenblitzgerät EF 2 (1958)
Electronic flash unit EF 2 (1958)

Elektronenblitzgerät Vario 2000 (1972)
Electronic flash unit Vario 2000 (1972)

Elektronenblitzgerät F 900 (1974)
Electronic flash unit F 900 (1974)

Studio Blitzanlage F 1000 (1966) – eine lei-
stungsfähige Anlage für den Profibereich

Studio flash light unit F 1000 (1966) – a high-
capacity system for professional use

Braun Nizo-Kameras mit verschiedener Ausstattung

Braun Nizo cameras with various accessories

1965 wurde die Nizo S 8 vorgestellt. Sie war für die damals innovativen Super-8-Filmkassetten konstruiert. Ihr Design definierte den Gerätetyp der Nizo Kameras, wie er, trotz vieler Weiterentwicklungen und Modifikationen, fast zwei Jahrzehnte lang beibehalten wurde. Diese Kontinuität im Design, die zur Langlebigkeit jedes einzelnen Gerätes beiträgt, es den Verwendern aber auch erleichtert, sich mit den Geräten vertraut zu machen, war uns stets sehr wichtig – und ist für mich im Laufe der Jahre immer bedeutsamer geworden.

Kennzeichnend für die Nizo Kameras waren die Front- und Seitenflächen aus eloxiertem Aluminium. Es gab später auch schwarze Nizo Kameras, etwa die kleine S 1 von 1972. Aber erst die letzte Nizo brach mit der Tradition des Metallgehäuses: Die Tonfilmkamera integral von 1979 bestand fast vollständig aus Kunststoff.

The Nizo S 8 came out in 1965 and was made to take the new Super 8 film cassettes of the time. Its design defined the form of the Nizo cameras and it remained much the same for almost 20 years, despite many additional developments and modifications. This design continuity, which contributed to the longevity of every single device and allowed the user to familiarise themselves with them easily, was very important to us – and in my view it has become an increasingly important issue ever since then.

The anodised aluminium front and side panels were characteristic for the Nizo cameras. Later on there were all-black variations, such as the small S 1 from 1972. It was only the last Nizo, the 1979 integral sound camera, that broke with the traditional metal casing and was made almost entirely from plastic.

Vielleicht mehr als bei allen anderen Geräten des Braun Programms kommt es bei einer Kamera darauf an, dass sie sich leicht und sicher handhaben und bedienen lässt. Bedienungsfehler führen zu verwackelten, unscharfen Filmen. Wir haben uns deshalb besonders intensiv mit der Handhabung auseinandergesetzt. Es zeigte sich, dass die Kamera mit dem einfachen, langen, glatten, an den Kanten stark gerundeten Griff, der unter dem Schwerpunkt angeordnet ist, sehr ruhig und sicher geführt werden kann. Im Griff sind die Batterien untergebracht. Mit dem Zeigefinger der Haltehand betätigt man den Auslöser, der vorn am Sockel der Kamera platziert ist. Funktionen, die man während des Filmens einsetzt, in erster Linie der Zoom, befinden sich auf der Oberseite über dem Griff. Man kann also mit der Haltehand Gegendruck erzeugen und ein Wackeln der Kamera vermeiden. Die Einstell- und Kontrollelemente haben wir auf der linken Seite angeordnet, weil die meisten Menschen die Kamera mit der Rechten halten.

Auch die Produktgrafik – also die klare, eindeutige Kennzeichnung der Bedienungsfunktionen – ist bei einer Kamera besonders wichtig. So gab es beispielsweise eine Rot-

Perhaps more than any other Braun product, a camera needs to be light and easy to handle and operate. Faulty use leads to wobbly and out of focus filming. We thus addressed ourselves with particular intensity to the issue of handling in this case. We discovered that a camera form with a long smooth grip – one that is well rounded at the edges and situated below the centre of balance – is the easiest to operate smoothly and steadily. The batteries can be stored in the handle and the index finger of the holding hand can operate the on-switch situated at the front of the camera base. Functions needed during actual filming, primarily the zoom, are situated on the upper part of the handle. The hand holding the camera also generates counterpressure, which helps prevent camera wobble. We put the settings and control features on the left-hand side since most people tend to hold a camera with their right hand.

Product graphics, as in the clear and explicit labelling of the operating instructions, are also of great importance with a camera. There was, for example, a red dot indicating the standard settings for normal filming, but

Super-8-Kamera Nizo S 1 (1972) und Filmprojektor FP 25 (1971)
Super 8 camera Nizo S 1 (1972) and projector FP 25 (1971)

punkt-Markierung für die Einstellungen, mit denen man normalerweise filmt. Bei der Gestaltung der Nizo integral entwickelten wir eine andere Lösung für diese Aufgabe: Hier waren rechteckige Schalter nebeneinander als Leiste angeordnet. Die Mittelstellung der Schalter war die Normalposition – entsprechend der Rotpunkt-Einstellung. Für besondere Einstellungen wurden die Schalter nach

with the Nizo integral we developed another solution for this task with rectangular switches arranged in a row. Here, the middle position was the normal position as defined by the previous red dot mark. The switches could be slid up or down for special settings, which

Super-8-Tonfilmkamera Nizo 6080 (1980)
Super 8 sound camera Nizo 6080 (1980)

oben oder nach unten geschoben. Man konnte also nicht nur mit einem Blick, sondern auch mit einer Fingerbewegung erkennen, wie die Kamera eingestellt war.

Bis Mitte der 1970er-Jahre baute Nizo Stummfilmkameras. Die erste Tonfilmkamera war die Nizo 2056 sound. Sie arbeitete mit größeren Kassetten. In der Kamera musste zudem ein Bauteil für die Tonaufnahme untergebracht werden. Für dieses größere und schwerere Gerät wäre ein senkrechter Griff ungünstig gewesen. In eingehenden Versuchen entstand eine neue Konfiguration: Der Tonteil wurde unten an den Kamerakörper angesetzt, der Griff sitzt an der schrägen Vorderseite. Mit diesem schrägstehenden Griff und einer ausklappbaren Schulterstütze, wie sie Profikameras haben, ließ sich die Nizo sound sehr ruhig und kontrolliert führen.

meant that you could not only see the settings on the camera at a glance, but also feel them with your finger.

Nizo produced silent cameras until the mid-1970s. The first sound camera was the Nizo 2056 sound, which required larger cassettes. The camera also needed an additional component for sound recording. A vertical grip would have been unsuitable for this larger, heavier camera, so after much research we came up with a new configuration. The sound component was placed beneath the camera body and the grip was angled forwards, away from the body. This angled handle also had a fold-out shoulder support, similar to those on professional cameras. This allowed the Nizo sound to be operated and controlled very smoothly.

Filmprojektor FP 1 (1964)
Film projector FP 1 (1964)

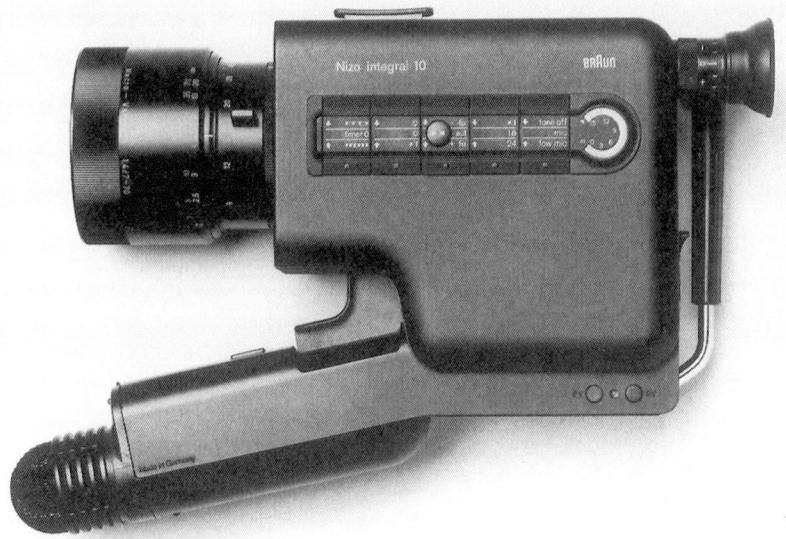

Tonfilmkamera Nizo integral (1979)   *Sound camera Nizo integral (1979)*

Tonfilmprojektor Visacoustic 1000 stereo
(1976) mit Steuergerät (1977)
Sound film projector visacoustic 1000 stereo
(1976) with control unit (1977)

Feuerzeuge
Cigarette Lighters

Das Design der Braun Feuerzeuge war sehr stark von der Philosophie des ‚Weniger, aber besser' bestimmt. Grundformen sind Zylinder, flache Quader und Kuben. Wir versuchten, kleine, skulpturale Geräte für den persönlichen Gebrauch zu gestalten, die zugleich ganz einfach sind und deren Wert sich aus der Genauigkeit und Sorgfalt der Details ableitet. Man sollte sie gerne in die Hand

The design of the Braun cigarette lighters was strongly influenced by the 'less, but better' principle. The basic forms were cylinders, flattened cuboids and cubes. With them we attempted to design small sculptural objects for personal use that were simultaneously very simple and whose value arose from the precision and attention to detail.

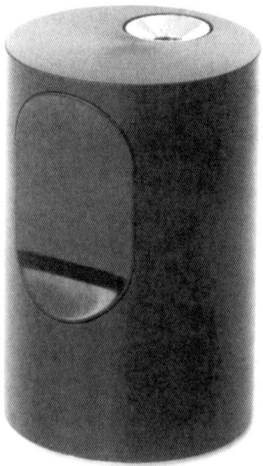

Tischfeuerzeug cylindric T 2 (1968)
Cylindric lighter T 2 (1968)

Feuerzeug mactron F 1 / linear (1971)

Mactron lighter F 1 / linear (1971)

nehmen, bedienen, auf dem Tisch stehen sehen oder in die Tasche stecken. Das Design eines Feuerzeugs war für mich jedes Mal eine reizvolle Aufgabe. Das Tischfeuerzeug T 2, seiner Grundform wegen ‚cylindric' genannt, war das erste von mir gestaltete Braun Feuerzeug. Es arbeitete zunächst mit einer damals neuartigen Magnetzündung. Die elektrische Spannung für den Zündfunken wurde durch die Betätigung der Taste erzeugt. Weil dafür einiger Druck nötig war, ist die Tastenfläche, die sozusagen aus der Wand des Zylinders herausgeschnitten ist, besonders groß und genau da angeordnet, wo man mit der Daumenkuppe am kräftigsten drücken kann, wenn man das Feuerzeug in der Hand hält.

Später wurde die Magnetzündung durch eine piezo-elektrische Zündung ersetzt. Auch hier wird der Strom durch den Tastendruck erzeugt, das Gerät hatte also keine Batterie. Eine dritte Version schließlich – energetic von 1974 – arbeitete mit Solarzellen, die in die Oberseite mit der Zündöffnung eingelassen

They were meant to be a pleasure to hold, operate, look at and put in your pocket. Designing lighters was always a delightful task for me. The T 2 table lighter, called 'cylindric' because of its shape, was the first lighter that I designed for Braun. It had a magnetic ignition that was quite innovative. The electrical charge to supply the spark was created by pressing the button. Because some force was needed for this, the button surface, that was partially cut out of the cylinder wall, was particularly large and situated exactly where the thumb pad can exert the most pressure when the lighter was held in the hand.

The magnetic ignition was later replaced with a piezo electric ignition. Here again the power for the spark was generated by pressing the button, so no battery was needed. A third version, the 1974 energetic, was powered by solar cells that were situated on the top along with the ignition opening. The cylindric was a

waren. Das cylindric war ein erfolgreiches Produkt und wurde fast zwei Jahrzehnte lang hergestellt. Die Produktion endete erst, als sich Braun Mitte der 1980er-Jahre aus dem Produktbereich der Feuerzeuge zurückzog.

In den Jahren nach der Einführung des cylindric gelang es, das magnetische Zündsystem so zu verkleinern, dass ein Taschenfeuerzeug mit einer Magnetzündung ausgestattet werden konnte. Das mactron, das 1971 auf den Markt kam, wird gezündet, indem man mit dem Daumen eine Klappe seitlich ausschwenkt. Damit wird die Brennkammer geöffnet und zugleich die Zündung ausgelöst. Wenn man jemandem Feuer geben will, lässt sich die geöffnete Klappe fixieren. Auch das mactron wurde später mit Piezo-Zündung angeboten.

Das domino von 1970 arbeitete zunächst mit Batteriezündung und später mit Piezo-Zündung, wofür die seitliche Drucktaste neugestaltet wurde. Es war als preiswertes Gerät für jüngere Menschen gedacht. Die Grundform ist ein Kubus mit weich gerundeten Ecken und Kanten und der betonten Senke für die Flammenöffnung in der Oberseite. Das domino wurde in verschiedenen Primärfarben und auch als Set mit zylindrischen, in der Farbe passenden Aschenbechern hergestellt.

successful product and remained in production for almost 20 years until the mid-1980s when Braun ceased producing lighters altogether.

In the years following the introduction of the cylindric, it became possible to miniaturise the magnetic ignition enough to make a pocket lighter. The mactron, introduced in 1971, could be lit by pushing the lid to one side with the thumb, which opened the combustion chamber and at the same time lit the flame. If you gave someone a light, the lid could be fixed in an open position. The mactron also later came in a piezo ignition version.

The domino from 1970 initially worked with battery-powered ignition, but later with piezo ignition, requiring a redesign of the button on the side. It was conceived as an economical lighter for younger people. It was shaped like a cube with softly rounded corners and edges and a clear dip on the top for the flame opening. The domino came in a variety of primary colours and as a set together with cylindrically shaped, matching ashtrays.

Tischfeuerzeug domino (1976)
domino table lighter (1976)

Farbe
Colour

Ich habe mich immer dafür eingesetzt, dass für das Design bei Braun keine bunten Farben verwendet werden. Als Grundfarbe wurden weiß, helles grau, schwarz oder unmittelbare Metallfarben wie z.B. Aluminium natur oder dunkel eloxiert und Velourchrom eingesetzt. Nur einige wenige Produkte sind rot, gelb oder blau. Meist sind es Geräte für den Wohnbereich – wie Kaffeeautomaten, Toaster, Uhren oder Tischfeuerzeuge –, die als Produktalternativen für Menschen gedacht waren, die in ihrer persönlichen Umgebung kräftige Farbakzente durch Geräte setzen wollten, statt Blumensträuße oder anderen Dekorationen zu verwenden, die sich nicht in die gesamte Farbharmonie des Raumes einfügen.

Die jahrzehntelange Zurückhaltung in der Farbvielfalt ergibt sich aus einem der Kern-

I have always been against the use of bright colours at Braun. The main colours were always white, light grey, black or metallic colours such as natural or anodised aluminium and velour chrome. Very few products were red, yellow or blue. Most of these were appliances for the living area – such as coffee machines, toasters, clocks or table lighters – that were offered as product alternatives for individuals who wished to add strong colour accents to their environments via appliances rather than with bunches of flowers or other decorations that did not fit into the overall harmony of the room.

These years of restraint with colour came from one of the core principles of the Braun design philosophy: appliances designed for intense personal use over a long period of

Kaffeemaschine AromaSelect KF 145 (1994)
AromaSelect KF 145 coffee maker (1994)

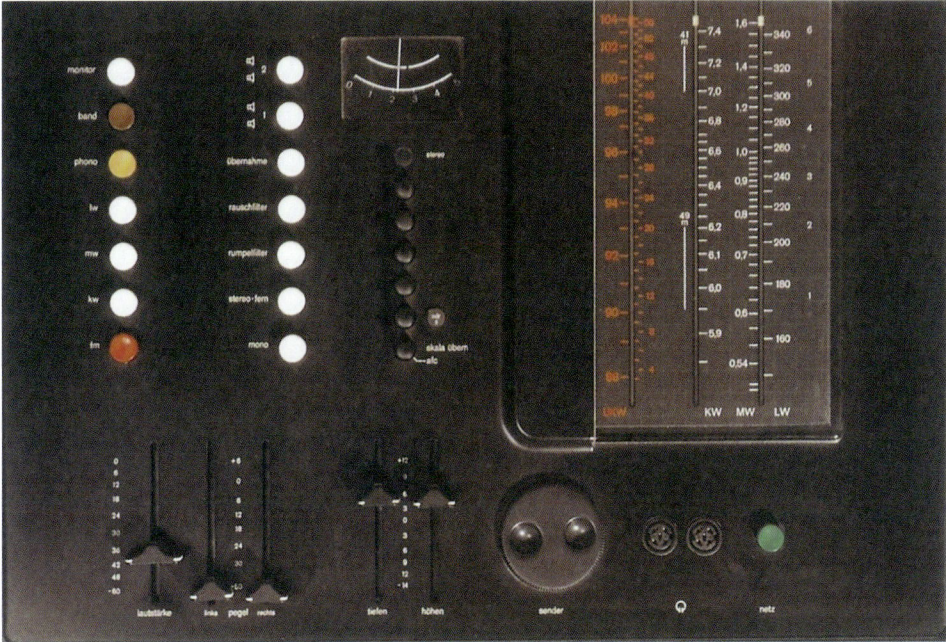

Steuergerät regie 308° (1973)
Control unit regie 308° (1973)

Steuergerät regie 308° (Detail)
Control unit regie 308° (detail)

punkte der Braun Designphilosophie: Geräte für den persönlichen Gebrauch, die über längere Zeit hinweg intensiv genutzt werden, sollen möglichst unauffällig sein, zurücktreten, sich gut in die Umgebung einfügen. Starke Farbakzente können stören und belasten. Farblich neutrale Produkte lassen dagegen die Chance, eine Umgebung so zu gestalten, wie es dem eigenen Farbempfinden entspricht – und sie später auch leichter wieder verändern zu können.

Zur Dekoration verwendeten wir Farben deshalb also nur ausnahmsweise. Zur Information wurden und werden Farben dagegen oft eingesetzt – beispielsweise bei HiFi-Geräten oder Taschenrechnern. Hier haben wir eine Farbcodierung entwickelt und jahrzehntelang beibehalten.

time should be as inconspicuous as possible. They should retreat into the background and blend in well with their environment. Strong colour accents can be bothersome or irritating. Colour-neutral products allow users to design their environments according to their own colour preferences – and later change them more easily if they wish.

Therefore we only used colour for decoration in exceptional circumstances. On the other hand colour was, and is, often used for information purposes – in hi-fi systems or pocket calculators, for example. Here we developed a colour coding system that has been in use for decades.

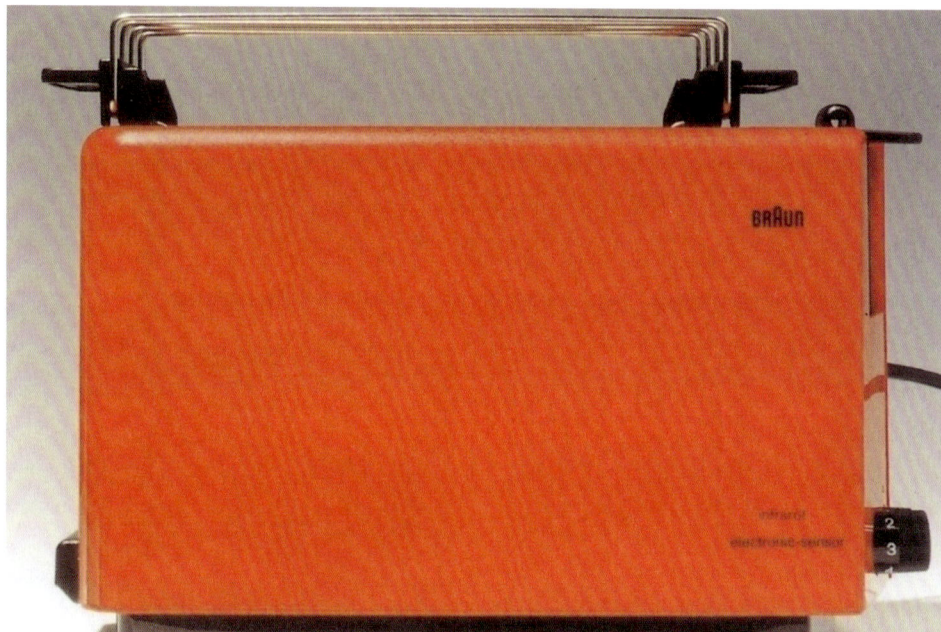

Langschlitz – Toastautomat HT 95 (1991)
Long-slit toaster HT 95 (1991)

Tischfeuerzeug domino T 3 (1973)
domino T 3 lighter (1973)

Kofferempfänger T 520 (1962)
Portable transistor radio T 520 (1962)

Tisch- und Weckuhr phase 1 (1971)
phase 1 alarm clock (1971)

Batterie-Rasierer cassett (1970)
cassett battery-operated shaver (1970)

Haartrockner HLD 4 (1970)
HLD 4 hairdryer (1970)

Tischfeuerzeug mit Aschenbecher
domino set (1976)
domino table lighter and
ashtray set (1976)

Dieter Rams und seine Mitarbeiter

Das Designteam von Braun, seine Arbeitsweise und seine Produkte, von dem Designkritiker Rudolf Schönwandt. Teile des Textes wurden in „Design: Dieter Rams &", Berlin, 1980[1], veröffentlicht.

Anfang der 1980er-Jahre zeigte das IDZ[2] Berlin die Arbeit von Dieter Rams in einer großen Ausstellung. Sie hatte den Titel: „Design: Dieter Rams &". Dieses einfache ‚&' verwies dabei auf alle, die mit Dieter Rams gearbeitet haben – die Designer der von ihm geleiteten Designabteilung in der Braun AG, die Modellbauer, die Assistenten. Aber auch Unternehmer, Techniker und Marketingleute, die vorbereitend, mitdenkend, ermutigend, Ziele setzend, mit Rat oder mit Kritik an der Gestaltung der Produkte beteiligt waren.

Industriedesign ist nahezu immer Teamwork. Dass ein einzelner Designer als der Gestalter eines Produkts herausgestellt wird, kann dennoch berechtigt sein – wenn er den Gestaltungsprozess gelenkt hat, wenn das Design durch sein Denken, durch seine Hand maßgeblich bestimmt wurden.

Das Team 1993[3]

Zum engeren Team von Dieter Rams bei Braun gehörten sechs Industrie-Designer: Peter Hartwein, Ludwig Littmann, Dietrich Lubs, Robert Oberheim, Peter Schneider, der stellvertretende Leiter, und Roland Ullmann. Dazu kamen Rose-Anne Isebaert, Sekretärin und Assistentin, Waltraud Müller, Designerin für Produktgrafik, Gaby Denfeld, Design-Assistentin CAD, und die Junior-Designer Björn Kling und Cornelia Seifert. Sieben Modellbauer arbeiteten unter der Leitung von Klaus Zimmermann: Udo Bady, Helmut Hakel, Robert Kemper, Christoph Marianek, Roland Weigend und Karl-Heinz Wuttge. Als langjähriger früherer und heute freier Mitarbeiter gehört Jürgen Greubel zum Team.[4]

Dieter Rams lehrte seit langen Jahren an der Hochschule der Bildenden Künste in Hamburg.[5] Als Ausgleich für seine begrenzte Anwesenheit in der Hochschule, gibt er Designstudenten die Möglichkeit, für jeweils bis zu fünf Monate in der Braun Designabteilung zu arbeiten.

Dieter Rams and his team

The design team at Braun, their work and their products described by the design critic Rudolf Schönwandt. Parts of this text were first published in "Design: Dieter Rams &", Berlin 1980[1].

In the early 1980s a large exhibition was devoted to the works of Dieter Rams at the IDZ[2] in Berlin entitled "Design: Dieter Rams &". The '&' at the end referred to all his coworkers – not just the designers in the design department of Braun AG, of which he was head, the model makers and the assistants, but also the employers, the technicians and the marketing people who prepared the way, showed great initiative, encouraged and set goals and with advice or criticism were involved in the products' design.

Industrial design is almost always about teamwork. Nevertheless, singling out an individual as the designer of a product can be justified when he is the one that has steered the design process and when the design has been significantly determined by his hand.

The Team in 1993[3]

The core of Dieter Rams' design team at Braun consisted of six industrial designers: Peter Hartwein, Ludwig Littmann, Dietrich Lubs, Robert Oberheim, Peter Schneider, the deputy head of design, and Roland Ullmann. In addition there were the secretary and assistant Rose-Anne Isebaert, product graphic designer Waltraud Müller, Gaby Denfeld the CAD design assistant and the junior design assistants Björn Kling and Cornelia Seifert. There were seven modelmakers led by Klaus Zimmermann: Udo Bady, Helmut Hakel, Robert Kemper, Christoph Marianek, Oliver Michl, Roland Weigend and Karl-Heinz Wuttge. As long-term team member, and later a freelancer, Jürgen Greubel rounded out the team.[4]

Dieter Rams has been teaching for years at the University of Fine Arts in Hamburg[5]. In compensation for his limited presence at the university, he offers his students the opportunity to work for up to five months in the Braun design department.

Dieter Rams im Gespräch mit Dr. Fritz Eichler   *Dieter Rams in conversation with Dr Fritz Eichler*

Die ersten Anfänge für das Buch „Weniger, aber besser" entstanden 1993, als Dieter Rams noch selbst die Designabteilung bei Braun leitete. Inzwischen ist er 63 Jahre alt und hat die Verantwortung für die Designabteilung seinem Nachfolger Peter Schneider[6] übergeben. Im Mai 1995 erhielt Dieter Rams von der Braun Unternehmensleitung eine neue Herausforderung als Anerkennung seiner Leistung. Er ist jetzt als Executive Director verantwortlich für Corporate Identity Affairs und berichtet in dieser Eigenschaft direkt an den Vorstandsvorsitzenden Archibald Livis.

Das Design Team nach 1995

Die Designergruppe arbeitet schon seit vielen Jahren in nahezu unveränderter Zusammensetzung. Sie begann sich 1956 zu

This book "Less, but Better" was begun in 1993 when Dieter Rams was still head of the design department at Braun. He is now 63 years old and has passed on responsibility for the design department to his successor Peter Schneider[6]. In May 1995 Rams was given a new position by the board of management in recognition of his achievement. He is now Executive Director of Corporate Identity Affairs and in this role is answerable directly to the chairman Archibald Levis.

The Design Team after 1995

The constellation of the design team has remained more or less unchanged for many years. It began in 1956 with Dieter Rams' first product design commissions and the

Das Braun Designteam 1993

Die folgenden Bilder der Braun Designer entstanden Mitte der 1980er-Jahre.

The Braun Design Team 1993

The following photos of the Braun design department were taken in the mid-1980s.

Peter Hartwein, Industrie-Designer
(industrial designer)

Rose-Anne Isebaert, Sekretärin und Assistentin
(secretary and assistant)

Robert Kemper, Modellbauer
(model technician)

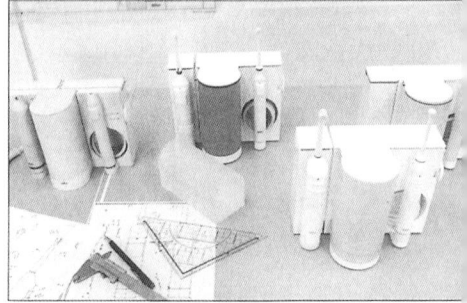

Ludwig Littmann, Industrie-Designer
(industrial designer)

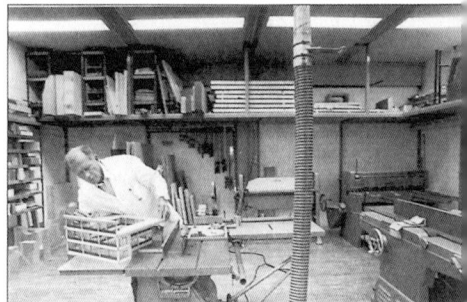

Dietrich Lubs, Industrie-Designer
(industrial designer)

Waltraud Müller, Assistentin für Produktgrafik
(product graphics assistant)

Robert Oberheim, Industrie-Designer
(industrial designer)

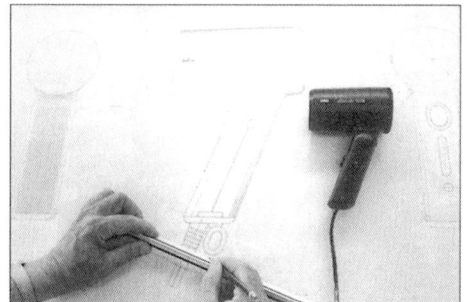

Peter Schneider, Industrie-Designer,
Stellvertreter des Abteilungsleiters
(deputy chief of the design department)

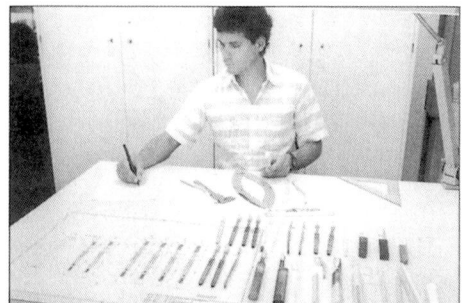

Roland Ullmann, Industrie-Designer
(industrial designer)

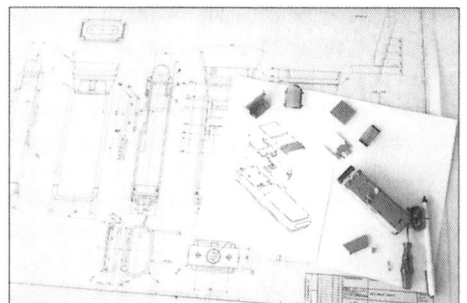

Roland Weigend, Modellbauer
(model technician)

Klaus Zimmermann, Leiter Modellbauwerkstatt
(chief model technician) Udo Bady,
Helmut Hakel, Christoph Marianek,
Karl-Heinz Wuttge.

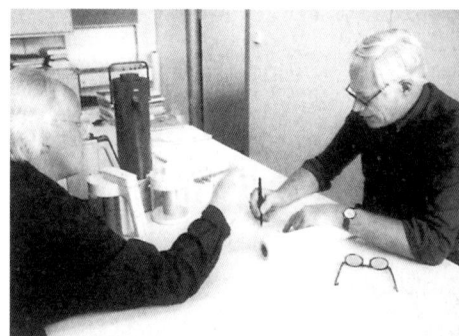

bilden, als zunächst Dieter Rams mit ersten Aufgaben im Produktgestaltungsbereich, dann Gerd A. Müller sowie die Modellbauer Roland Weigend und Robert Kemper zu Braun kamen.

Diese langjährige Zusammenarbeit prägt das Arbeitsklima in der Designabteilung, die in der Hauptverwaltung des Unternehmens in Kronberg am Taunus zuhause ist.

Das Designteam ist in der Relation zu den vielen Aufgaben nicht besonders groß. Es ist zuständig für die Gestaltung sämtlicher Braun Produkte. Anders als in den Anfangsjahren, als zunächst Hans Gugelot von der Hochschule für Gestaltung Ulm, Wilhelm Wagenfeld und Herbert Hirche für Braun arbeiteten, werden heute die Leistungen exter-

arrival of Gerd A. Müller and the modelmakers Roland Weigend and Robert Kemper at Braun. This long-term collaboration has had a special impact on the working atmosphere of the design department, which is at 'home' in the company headquarters in Kronberg, near Frankfurt.

Considering their multitude of responsibilities, the design team is not particularly large. It is in charge of the design of all Braun products. Unlike in the early years, when Hans Gugelot from the Ulm School of Design, Wilhelm Wagenfeld and Herbert Hirche worked for Braun, the services of external designers

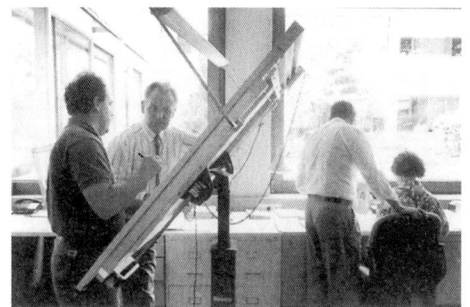

ner Designer kaum in Anspruch genommen. Umgekehrt arbeitet das Braun Team aber seinerseits zunehmend für Auftraggeber aus dem Gillette-Konzern, wie Oral-B und Jafra.

Insgesamt wurden in der Braun Designabteilung im Laufe von vier Jahrzehnten mehr als 500 eigenständige Produktgestalten entwickelt – vom Kofferradio T 1 von 1956, bis zum Handrührer MultiMix trio von 1994 – ganz abgesehen von den unzähligen Weiterentwicklungen und Modifikationen.

Der Chefdesigner lenkt die Arbeit der Abteilung. Er ist in die einzelnen Projekte involviert, kennt den Stand der Entwicklung, berät die Designer, prüft die Entwürfe und vertritt sie im Unternehmen. Zugleich genießen seine Mitarbeiter aber große Unabhängigkeit. Die

are now no longer required. On the contrary, the Braun team is increasingly involved in commissions for clients within the Gillette group such as Oral-B and Jafra.

Over the course of four decades, the Braun design department has developed more than 500 individual products – from the T 1 portable radio from 1956 to the 1994 MultiMix trio hand mixer – not to mention innumerable redevelopments and modifications.

The chief designer steers the work of the department. He is involved in the individual projects, knows their state of development, advises the designers, checks the prototypes and represents them to the company. At the same time his team enjoys a great deal of

Gestaltung der Produkte, für die sie zuständig sind, ist ihre eigene Leistung. Sie werden intern und nach außen hin als Entwerfer namentlich genannt.

independence. The designs of the products that they are responsible for are their own accomplishments and they are credited both internally and externally for them.

Anmerkungen

1) Anm. d. Redaktion: Dieses Kapitel wurde für die erste Auflage des Buches 1995 vollständig fertiggestellt. Im selben Jahr wurde Dieter Rams zum Geschäftsführer für Corporate Identity Affairs berufen. Viele der Mitarbeiter aus seinem ursprünglichen Team sind inzwischen aus dem Unternehmen ausgeschieden. 1995 übernahm Peter Schneider die Designabteilung von Dieter Rams, der sich 1997 vollständig aus dem Unternehmen zurückzog. Seit 2009 ist Oliver Grabes Chef der Designabteilung bei Braun.

2) Internationales Design Zentrum Berlin

3) Ebd.1

4) Anm. d. Redaktion: Weitere bemerkenswerte Mitarbeiter des Designteams während Rams Zeit bei Braun, die nicht unerwähnt bleiben sollten: Reinhold Weiss. Richard Fischer, Roland Ullmann und Florian Seiffert.

5) Er war Professor für Design von 1981bis 1997.

6) Ebd. 1

Footnotes

1) Ed. note. This chapter was completed for the first edition of this book in 1995. In the same year, Dieter Rams was appointed director of Corporate Identity Affairs at Braun. Many of the employees from his original team have since left the company. In 1995 Peter Schneider took over Dieter Rams's design department; Rams left the company completely in 1997. Since 2009 Oliver Grabes has led the Braun design divison.

2) Internationales Design Zentrum Berlin

3) Ibid. 1

4) Ed. note: Additional employees of the Braun design team during Rams's time that should not go unmentioned are: Reinhold Weiss. Richard Fischer, Roland Ullmann and Florian Seiffert.

5) He was professor of design from 1981 to 1997.

6) Ibid. 1

Kompetenz

Im Laufe der Jahre haben sich die einzelnen Senior-Designer jeweils auf bestimmte Produktbereiche spezialisiert – Rasierer, Haushaltsgeräte, Uhren, Haarpflegegeräte etc. Diese Spezialisierung ist sinnvoll. Denn Industriedesign – und ganz besonders Design, wie Braun es versteht – ist ohne fundierte Fachkenntnisse und gründliche Einarbeitung in einen Produktbereich nicht möglich. Die Designer brauchen ein sehr hohes Maß an Wissen in vielen Bereichen. Und sie brauchen auch den engen, persönlichen Kontakt zu den Partnern in Technik und Marketing, mit denen sie bei der Entwicklung eines neuen Produkts lange und intensiv zusammenarbeiten. Die Spezialisierung geht allerdings nicht so weit, dass die ständige fachliche Kommunikation zwischen den Designern erschwert würde. Einzelne Projekte werden von anderen Designern übernommen, wobei die Verantwortung beim zuständigen Senior-Designer bleibt.

Competence

Over the years, each senior designer has come to specialise in a particular product area, be it shavers, household appliances, clocks, hair care or whatever. This specialisation makes sense since industrial design – and particularly design as Braun understands it – is not possible without profound technical know-how and thorough familiarity with the relevant product category. The designers need a lot of knowledge about many different areas. They also need close, personal contact with their partners in the marketing and technical departments with whom they need to work long and intensively during the development of a new product. This specialisation is not so pronounced as to make the constant professional communication between the individual designers difficult. Occasionally individual projects are handed over to different designers, although responsibility always remains with the relevant senior designer.

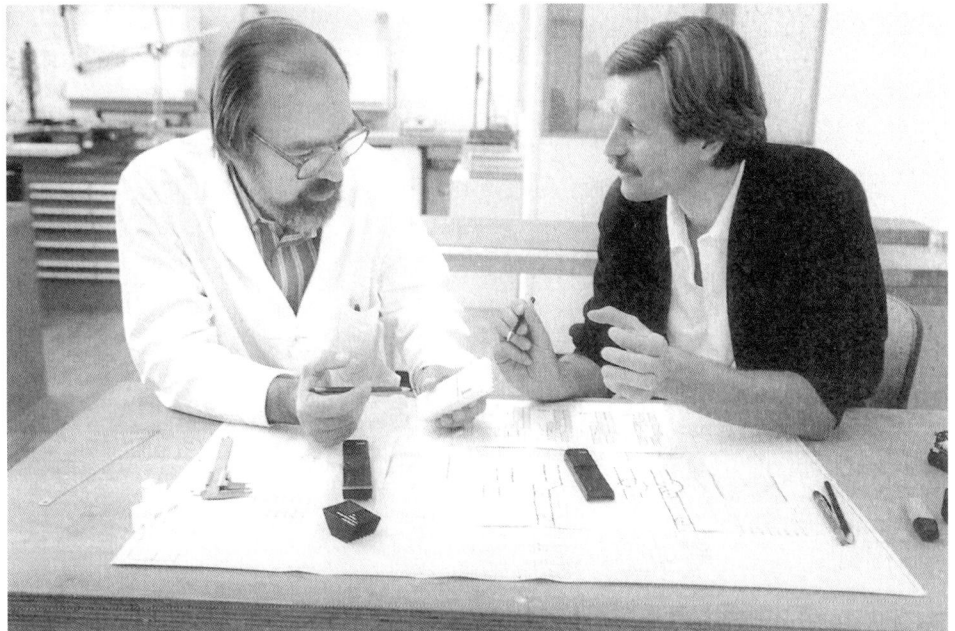

Organisatorische Eingliederung

Wie und wo ist der Funktionsbereich Design in die Organisation des Unternehmens eingegliedert? Was einem Außenstehenden als ein nebensächlicher Aspekt erscheinen mag, ist tatsächlich eine der wichtigsten Voraussetzungen für die Arbeit von Designern.

Organisation

How and where is the design department integrated into the company's organisation? This may seem a secondary aspect to the outsider, but it is in fact one of the most important prerequisites for the work of a designer.

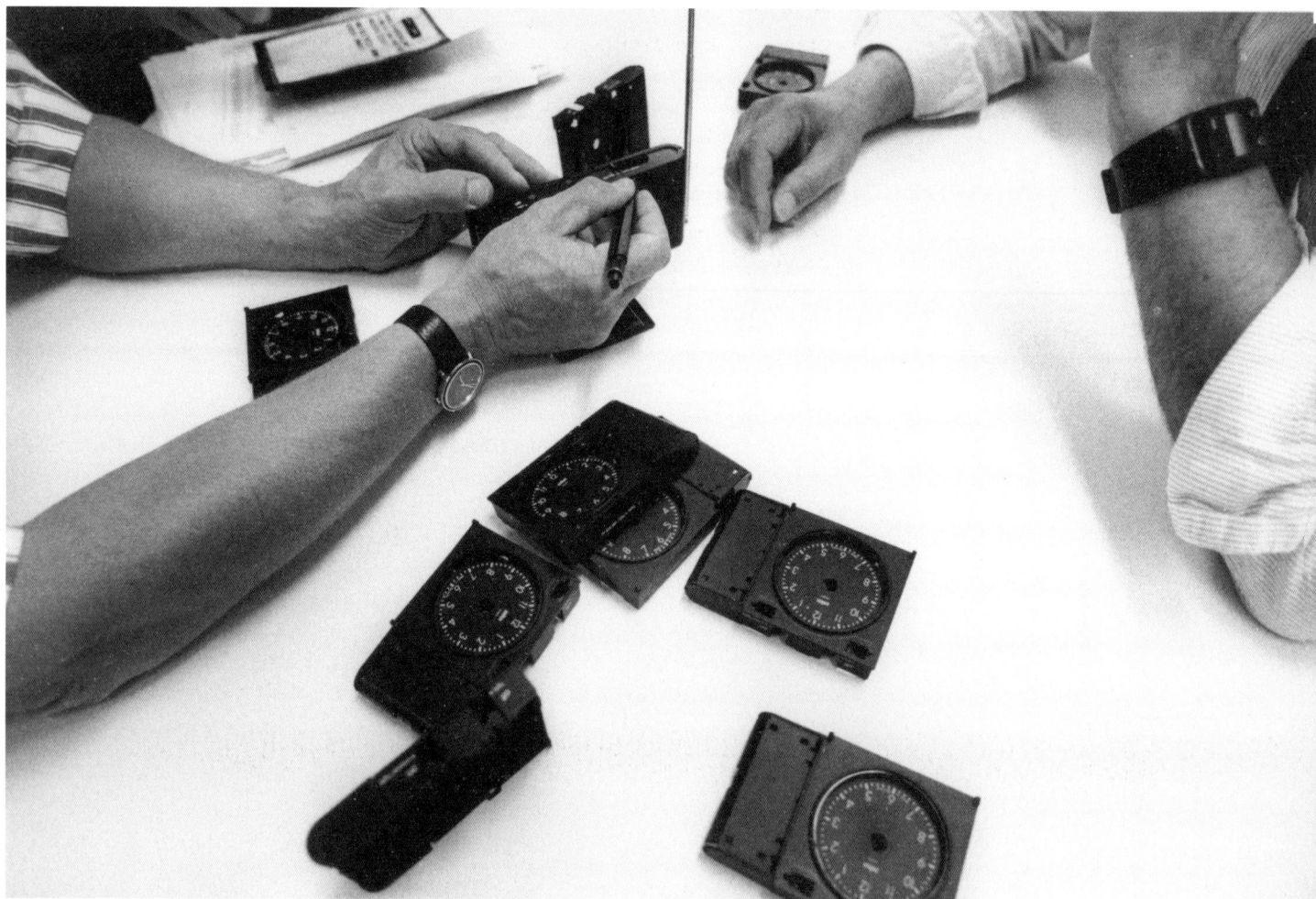

Aufgaben

Die Aufgabe der Braun Designer ist die umfassende Gestaltung eines Produktes – insgesamt und in allen Details. Sie definieren die Grundform, die Dimensionen und Proportionen, die Anordnung und Gestaltung der Bedienungselemente, das Design der Oberflächenstruktur und Farbe sowie die Produktgrafik – also die Schriften und Zeichen auf den Produkten. Alles, was zu einem Braun Produkt gehört – natürlich auch Behälter, Kassetten, Zusatzteile, Geräte zur Reinigung usw. – wird in der Designabteilung gestaltet. Die Designer sind zudem stark einbezogen in die Auswahl der Materialien, die heute – auch aus ökologischen Gründen – eine immer höhere Bedeutung bekommt.

Responsibilities

The main task of the Braun designers is the comprehensive design of a product – as a whole and in all of its details. They define its basic form, the dimensions and the proportions, the arrangement of the operating elements, the design of the surface structure and colour as well as the product graphics – all the writing and symbols on the product. Everything that belongs to a product, including the containers, cassettes, accessories, cleaning implements, etc., is also designed in the design department. The designers are equally closely involved in the selection of materials, an aspect that today, in ecological terms, is of increasing importance.

Rolle im Prozess der Produktentwicklung

Um Produkte in dieser umfassenden Weise gestalten zu können, sind Braun Designer von Beginn an maßgeblich in die Entwicklung jedes neuen Produktes involviert. Sie wirken mit am Grundkonzept für ein Produkt und arbeiten als ‚Gestalt-Ingenieure' eng mit der

The Designers' Role in the Process of Product Development

In order to design so comprehensively, the Braun designers have to be significantly involved in the development of every single new product. They collaborate closely on the initial concept of the product and function as design engineers with the technical department

Technik zusammen, um neue konstruktiv-gestalterische Lösungen zu finden, die die Geräte brauchbarer machen. Im Laufe der Jahre kamen von den Designern viele Impulse für Innovationen. Sie sind vertraut mit dem technologischen Fortschritt, setzen sich mit neuen Materialien und neuen Fertigungsmethoden auseinander.

Ein Beispiel, das diese technologisch orientierte Designarbeit veranschaulicht und zeigt, wie tief sie eingefügt ist in den Prozess der Entwicklung eines Produktes, ist die Gestaltung von Gehäusen mit hart-weicher Oberfläche. Geräte, die gehandhabt werden – wie etwa Rasierer – sollen sich leicht und sicher halten lassen. Sie brauchen eine griffige Oberfläche. Der Elektrorasierer Braun micron, der 1977 auf den Markt kam, hatte

to discover new design-construction solutions that improve product utility. Many innovative impulses have come from the designers over the years. They are conversant with technological innovations and familiarise themselves with new materials and innovative methods of production.

An example of this technically-oriented design work that shows how deeply involved these designers are in the process of product development is the design of casings with hard and soft surfaces. Hand-held devices, such as shavers, should be easy and safe to hold. They need a surface with good grip. The Braun micron electric shaver that came onto the market in 1977 had a surface structure that was completely new at the time, with small button-like, convex 'dots'. This knobbly

eine damals neuartige Oberflächenstruktur: kleine, tastenförmig gewölbte ‚Punkte'. Diese Punkt-Struktur war durchaus griffig und ließ sich noch besser sauberhalten. Die Intention der Designer war aber, die Oberflächenstruktur entscheidend weiterzuentwickeln und ihr damit einen sehr viel höheren Gebrauchswert zu geben. Sie dachten an ‚Punkte', die aus einem Material gefertigt sind, das weicher ist als das Gehäusematerial. Diese weiche Punktstruktur würde noch griffiger und haptisch angenehmer sein. Sie würde verhindern, dass ein Rasierer auf schrägen oder nassen Flächen – beispielsweise auf dem Waschbeckenrand – wegrutscht.

Wie ließ sich diese Vorstellung eines harten Gehäuses mit weicher ‚Punkt-Struktur' realisieren? Es ist für Laien kaum nachvollziehbar, welche technischen Anforderungen eine solche Aufgabe stellt. Sie schienen manchmal fast unüberwindbar zu sein. Es mussten die richtigen Werkstoffe gefunden, die richtige Konstruktion und vor allem die richtige Fertigungstechnik entwickelt werden. Diese Entwicklungen wurden von den Designern angestoßen, in Gang gehalten, auf die Zielvorstellung einer haptisch optimalen Oberflä-

structure was absolutely easy to grip and was also easier to keep clean. The designers' intention, however, was to decisively improve the surface structure and thus give the shaver an even higher utility value. They came up with 'dots' made from a material that is softer than the rest of the casing. This soft dot structure would make the shaver more comfortable to hold and more pleasant to the touch. They would also prevent the shaver from slipping off wet or angled surfaces such as the edge of the sink.

But how to realise this idea of a hard shell with a soft dot structure? It is hard for the layman to imagine the complex technical requirements this task demanded and that seemed at times insuperable to the designers. They had to find the right materials, the right construction and, most importantly, the right method of production. This new invention was initiated by the designers, kept going by them and directed towards their aim of a tactually optimal surface structure.

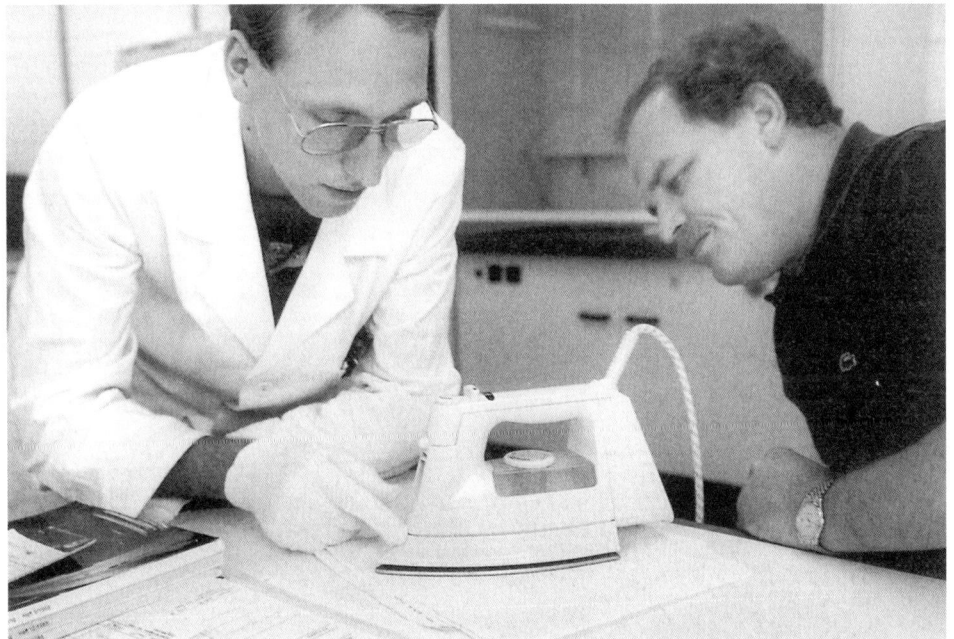

chenstruktur hingelenkt. In einer langen und intensiven Zusammenarbeit zwischen Materialtechnikern, Konstrukteuren und Fertigungstechnikern (und auch den sehr kompetenten Anwendungstechnikern der Kunststoff-Hersteller) konnte die neuartige und natürlich durch Patente geschützte Hart-Weich-Oberfläche realisiert werden.

The new (and of course patented) hard-soft surface was finally realised thanks to a long and intensive collaboration between material technicians, construction and manufacturing engineers as well as the extremely competent applications engineers at the plastics manufacturers.

In ähnlicher Weise sind viele der Designlösungen – von der Grundform eines Produktes bis hin zur Gestaltung der Bedienungselemente – technologische Leistungen, die nur mit und durch die auf gegenseitiger Achtung beruhende Zusammenarbeit von Designern und Technikern möglich werden.

Arbeitsweise

Die richtige Methodik ist in vielen Bereichen eine Erfolgsgarantie. Das gilt auch für das Design – allerdings mit Einschränkungen. Soweit die Designer als ‚Gestalt-Ingenieure' ihre spezielle Aufgabe in dem komplexen, arbeitsteiligen Prozess der Entwicklung eines neuen Produktes erfüllen, müssen sie sich selbstverständlich in den geplanten und geregelten Ablauf einfügen. So muss das Design eines Produktes beispielsweise zu einem bestimmten Zeitpunkt auf eine bestimmte Weise definiert sein. Aber auch in dem spezifischen Aufgabenbereich der ‚Formfindung' gehen die Designer planvoll und – wenn man so will – methodisch vor. Ihre Methodik folgt dabei der Logik der Sache.

Many other design solutions were reached in a similar way – from the basic structure of a product to designing the operating elements – technological achievements that were reached only through mutually respectful collaboration between designers and technicians.

Methods

The right methodology is the key to success in many areas of life. This is also true for design – within limits. As much as the designers, in their role as 'design engineers', fulfil their particular job in the complex collaborative process of new product development, they must also fit into the structured and ordered company framework. This means, for instance, that the design of a product needs to be defined in a particular way by a particular deadline.

The designers also follow a well-planned – methodical if you like – path in the specific field of 'form finding'. Their methodology here follows the logic of the matter at hand.

Jedes neue Projekt beginnen Braun Designer also damit, sich gründlich über alles zu informieren, was in irgendeiner Hinsicht für das Design relevant sein könnte – die technischen Aspekte, die Marktsituation, aber ganz besonders die Bedürfnisse und Wünsche der Menschen, für die das Produkt gedacht ist. Handrührer, Uhren, Küchengeräte, Haartrockner – kein Gebrauchsgerät kann funktional gestaltet werden, ohne die vielen und kom-

Braun designers start each new project by thoroughly informing themselves about everything that could be relevant to the design in any way whatsoever – the technical aspects, the current market, and most particularly the needs and wishes of the people who will use the product. From hand mixers, clocks and kitchen appliances to hairdryers, no tool

plexen Gebrauchsanforderungen genau zu kennen und wirklich verstanden zu haben.

Die Designer durchdenken die Aufgabenstellung und versuchen Ansatzpunkte für ein Designkonzept zu finden, das eine überzeugende Weiterentwicklung der bereits vorhandenen Konzepte verspricht. Sie bilden Zielvorstellungen, setzen sich mit Marketing und Technik auseinander und lernen deren Vorstellungen kennen. Sie klären ab, welche Realisierungschancen für ihre eigenen Ideen bestehen und planen schließlich gemeinsam das weitere Vorgehen. Industriedesign ist in erster Linie eine gedankliche Arbeit. Aber die Gedanken werden Schritt für Schritt anschaulich gemacht, zur Diskussion gestellt und überprüft. In der Entwurfsphase arbeiten die Designer nach wie vor analog – erste Gestaltungsideen werden durch Zeichnungen oder durch Vormodelle aus leicht bearbeitbaren Materialien dargestellt. Dieter Rams nennt sie „dreidimensionale Skizzen". Das Werkzeug für die endgültige Definition des Design ist heute der Computer. Die Form eines Produktes wird also nicht mehr analog festgelegt – durch Zeichnung oder Modell – sondern digital. CAD, Computer Aided Design, verbindet die Designer direkt mit den Technikern – den Fachleuten aus Forschung und Entwicklung, den Konstrukteuren, den Qualitätsingenieuren, den Produktionsplanern, die in ihren Aufgabenfeldern weitgehend parallel an der Entwicklung eines neuen Produktes arbeiten. Auch die Endmodelle werden heute mit computergesteuerten Maschinen erstellt.

Je konkreter die Vorstellungen der Designer werden, umso genauer und realistischer werden auch die Modelle. Sie lassen sich mit dem Auge kaum noch von Serienprodukten unterscheiden.

Die Unterstützung der Vorbereitung der Serienproduktion, das Manufacturing Engineering, ist auf diese Weise zu einem wichtigen Aufgabenbereich der Designer geworden. Dabei geht es zum einen darum, von vornherein nach Gestaltungslösungen zu suchen, die eine wirklich rationelle Produktion erlauben. Bei den heutigen, sehr leistungsfähigen, hochautomatisierten High-Tech-Herstellungsprozessen von Braun ist das zu einer anspruchsvollen Aufgabe geworden. Zum anderen aber geht es für die Designer darum, dass in der Serienproduktion die Qualität, die im Entwurf vorgesehen ist, auch wirklich erreicht und gehalten wird.

of this kind can be functionally designed without knowing and fully understanding the many and complex requirements of the user.

The designers reflect on the task at hand and try to find starting points for a design concept that promises a convincing further development of existing ideas. They define their goals, and talk to the technicians and marketing department to find out their aims as well. They evaluate the chances of success for their ideas and plan the next steps together. Industrial design is first and foremost a job for the mind. But these thoughts will be made concrete step by step, by putting them up for discussion and verifying them. In the next phase the designers work in an analogue way – the first design ideas will be embodied in drawings or early models made of materials that are easy to work. Dieter Rams calls these "three-dimensional sketches". Today the main tool for the final definition of the design is the computer. The form of a product is no longer defined in an analogue fashion – through drawings or models – but digitally. CAD, Computer Aided Design, links the designers directly to the technicians – the research and development experts, the construction and quality engineers and the production planers, who all work parallel to the development of a new project to a large extent. Even the final prototypes are made with computer-controlled machines these days.

The more concrete the design concept, the more precise and better the models turn out. They can be hard to distinguish from the serial product with the naked eye.

Support for the manufacturing engineering in preparation for serial production has also become an important field of responsibility for designers. This is why they must always bear in mind right from the beginning that they need to find design solutions that facilitate efficient production. With today's highly efficient, highly automated, high-tech production processes at Braun, this has become a challenging task. At the same time it is also the designer's job to ensure that the levels of quality intended at the design stage really are reached and then maintained when it comes to series production.

Kaffeeautomat KF 20 (1972)   *Coffee maker KF 20 (1972)*

Kaffeeautomaten, Espressomaschinen
Coffee Makers, Espresso Machines

Anfang der 1970er-Jahre etwa arbeiteten wir zum ersten Mal am Design eines Kaffeeautomaten. Mehr als bei vielen anderen Elektrogeräten lassen Funktion und Konstruktion dem Design hier Spielräume für den Aufbau einer sinnvollen Grundgestalt. Auch hier waren die Braun Designer von Anfang an in den Entstehungsprozess einbezogen und konnten deshalb eine neue Produktgestalt entwickeln. Die Form des KF 20 nämlich folgte dem Ablauf der Kaffeezubereitung: Oben der Tank, in dem das Wasser erhitzt wird, darunter der Filtereinsatz mit dem Kaffeemehl, dann die Kanne auf der Warmhalteplatte. Dieser logische Aufbau führte zu einer schlanken, fast geschlossenen Säule, die damals neuartig war. Grundplatte und Oberteil des Geräts waren durch zwei Metallrohre verbunden. Das Gerät wurde in mehreren Farben gefer-

In the early 1970s we worked on our first coffee makers. Function and construction permit more scope for an expedient basic design with these than with other electric appliances. Here, too, we were involved in the development process right from the beginning. The form of the KF 20, for example, followed the process of coffee preparation. At the top was the tank where the water is heated, directly below it the filter element with the coffee grounds and then the pot sitting on the hotplate. This logical configuration led to a slim, self-contained column shape that was completely new at the time. Two metal pipes connected the hotplate to the top of the appliance. The machine was produced in several different colour variations.

Kaffeeautomat KF 40 (1984):
Die Aufsicht zeigt den innovativen Aufbau:
Zwei Zylinder sind ineinander geschoben.
Coffee maker KF 40 (1984): The top view
shows an innovative construction: two
intersecting cylinders.

Das Wassertankgehäuse des Aromaster KF 40
mit Kannelierung. In der Rückseite ist der
Kabelstauraum untergebracht.
Grooved water tank housing of the Aromaster
KF 40 with a cable storage space at the back.

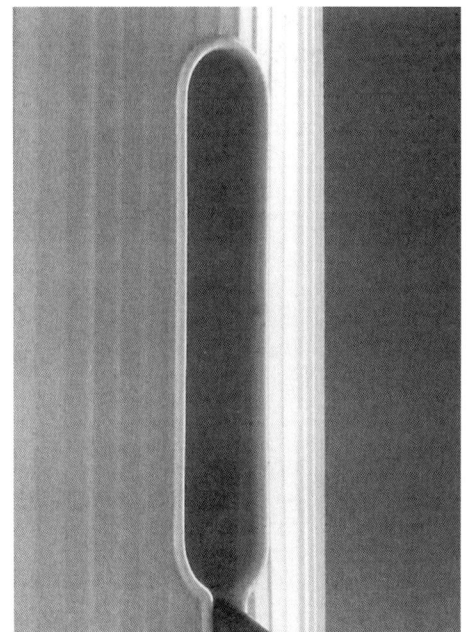

tigt. Es war kompakt, einfach und fügte sich gut in eine Wohnumgebung ein. Allerdings hatte es eine durch das Design bedingte Schwäche, die trotz der starken Akzeptanz – besonders bei Designfreunden – schließlich eine Neuentwicklung nötig machte: Es brauchte zwei Heizelemente, eines oben zum Erhitzen des Wassers, ein anderes unten zum Warmhalten des Kaffees.

Für das Nachfolgegerät Aromaster KF 40 (1984) wurde in Zusammenarbeit von Technik und Design eine Konfiguration gefunden, die ebenfalls eine geschlossene, schlanke und kompakte Säulenform ermöglichte, dabei aber nur ein Heizelement brauchte. Um einen Zylinder, der aus Filterteil und Glaskanne gebildet wird, legt sich von hinten ein Semizylinder, der den Wassertank enthält. Das Ge-

It was compact, simple and fitted well into a living environment. Nevertheless, despite its strong popularity – particularly amongst design fans – it had a weakness that necessitated further development: the appliance needed two heating elements, one at the top to heat the water, and another at the bottom to keep the coffee warm.

For the follow-up model, the Aromaster KF 40 (1984), the technicians and the designers found a configuration that retained the self-contained, slim column, yet required only one heating element. They did this by wrapping a semi-cylinder for the water tank around the back of the main cylinder that contained the filter element and the coffee pot.

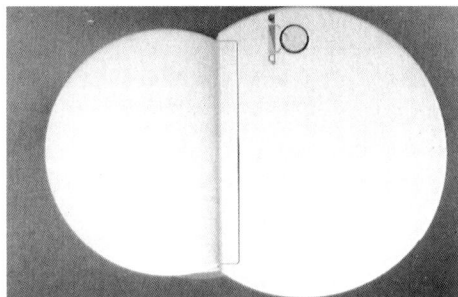

häuse wird aus einem Kunststoff hergestellt, der preisgünstig, aber produktionstechnisch anspruchsvoll ist. Um mögliche kleine Einfallstellen in der Oberfläche auszugleichen, hat es eine Kannelierung mit senkrechten Furchungen, die ihr Struktur verleiht. Was gelegentlich als eine Art von postmoderner Dekoration missverstanden wurde, hat also durchaus eine Funktion.

Knapp zehn Jahre nach dem KF 40 entstand 1993 die dritte Generation der Braun Kaffeeautomaten: AromaSelect. Das Konzept der geschlossenen, integrativen Form, das die

The casing was made of a plastic that was cheaper, yet met all the technical manufacturing requirements. To compensate for possible small surface defects, the plastic was fluted, which gave it a vertical surface structure. What has often been misunderstood as some kind of post-modern decorative element had in fact a definite structural function.

In 1993, almost ten years after the KF 40, the third generation of Braun coffee machines, AromaSelect, made their first appearance. The concept of the self-contained,

Designstudie für Einwegtassen mit konstantem Griff- und Behälterteil zur Aufnahme von Einwegbehältern aus präpariertem Spezialkarton für Kaffee
Design study for handled holders, for disposable coffee cups, made from treated cardboard

Gestaltung der Geräte vieler anderer Hersteller stark beeinflusst hat, wurde einen Schritt weiterentwickelt. Filterteil und Glaskanne sind als Doppelkegel ausgebildet. Sie werden hinten vom Wassertank umfasst, der die Form eines angeschnittenen Zylinders hat.

Anfang der 1990er-Jahre ergänzte Braun das Programm der Kaffeezubereitungsgeräte um

integrative form that so strongly influenced the designs of other coffee machine manufacturers was now taken a step further. The filter element and glass jug took the form of a double cone and the water tank that was again wrapped around from the rear was shaped like a cut-out cylinder.

In the early 1990s Braun extended their coffee maker programme with two espresso

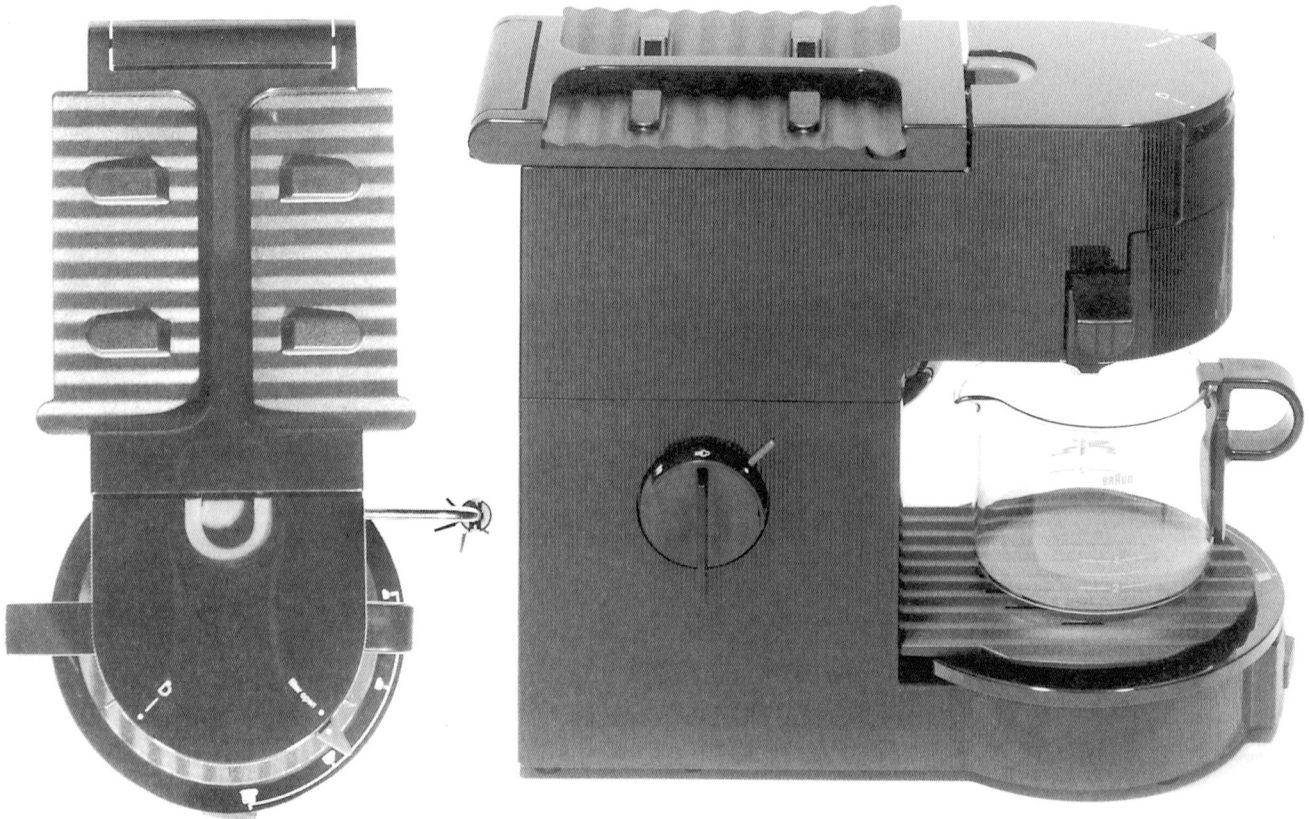

Espressomaschine E 300 (1994)
Espresso maker E 300 (1994)

zwei Espressomaschinen. Die kleinere, preisgünstigere arbeitet mit einem Dampfdrucksystem, die größere mit einem leistungsfähigen Pumpensystem. Für das Design war es die Aufgabe, funktional richtige Produktgestalten zu entwickeln, die auch etwas von der besonderen Eigenart des Espressos ausdrücken. Die Gestalt des kleineren Geräts E 250 T ist aus Zylindern aufgebaut: der Säule mit dem oben aufgesetzten Siebbehälter, dem Glasgefäß und dem Sockel. Die Grundelemente des größeren Geräts sind Quader: Im hinteren, senkrecht stehenden, sind Wassertank und Pumpe untergebracht. Davor ist der quergestellte Quader angeordnet, der den aluminium-verkleideten Boiler umschließt. Die Abtropfschale schließlich bildet den dritten Quader.

machines. The smaller, low-priced version operated using a steam pressure system; the larger one with a high capacity pump system. The design challenge was to develop functionally correct product forms that also reflected the particular characteristics of espresso. The shape of the smaller appliance E 250 T is cylindrical; a column with the glass container and the sieve unit on top, sitting on a pedestal. The main elements of the larger machine were cuboids with the vertically stacked water tank and pump at the back and the aluminium-clad boiler at right angles to them. The drip tray section formed the third cube.

Links: Küchenmaschine Multipractic plus UK 1 (1983). Das Gerät ist besonders für die Verarbeitung kleinerer Mengen geeignet.
Left: Multipractic plus UK 1 kitchen machine (1983). This unit is specially suitable for smaller food quantities.

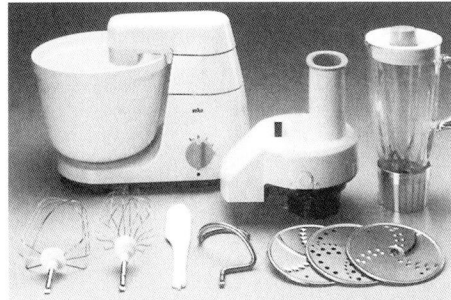

Rechts: KM 32 mit Zusatzgeräten (1957). Die Stärke der Küchenmaschine ist die Verarbeitung größerer Mengen.
Right: KM 32 with accessones (1957). This machine is suitable for larger quantities.

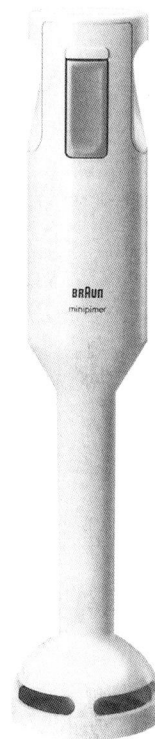

Küchenmaschine Multipractic plus UK 1 und Stabmixer vario MR 30 (1981)

Multipractic plus UK 1 kitchen machine and wand mixer vario MR 30 (1981)

Küchengeräte
Kitchen Utensils

Küchengeräte sind Werkzeuge im unmittelbarsten Sinne des Wortes und wurden von uns immer als Werkzeug gestaltet: Konsequent, funktionsgerecht, mit der jeweils einfachstmöglichen Grundgestalt und mit Details, deren Form sich aus ihrem Zweck ergibt. Weil dem Design alles Dekorative fehlte und damit auch ein modischer Zeitbezug, war es langlebig, fast alterslos. Die Küchenmaschine KM 3/32 kam 1957 auf den Markt und wurde – nur in Details weiterentwickelt – mehr als drei Jahrzehnte lang hergestellt. Sie ist zweifellos eines der langlebigsten Industrieprodukte überhaupt. Das hat natürlich auch etwas damit zu tun, dass sich die Mechanik in dieser Zeit nicht so dramatisch weiterentwickelte wie etwa die Elektronik. An der KM 3/32 wird ebenso wie an den späteren Küchengeräten deutlich, dass ein völlig an der Funktion

Kitchen utensils are tools in the most direct sense of the word. And that is what we always designed them to be: consistently function-specific with the simplest forms possible and details whose form follows function. Because there were no decorative elements, there was also no fashion context and thus the designs were long-lived and almost timeless. The KM 3/32 kitchen machine came onto the market in 1957 and was produced for more than 30 years with only minor detail changes. It is undoubtedly one of the most long-lived industrial products ever. But that also naturally has something to do with the fact that the development of mechanics at this time was not anywhere near as dramatic as that of electronics. The KM 3/32 and the later kitchen appliances show clearly that a

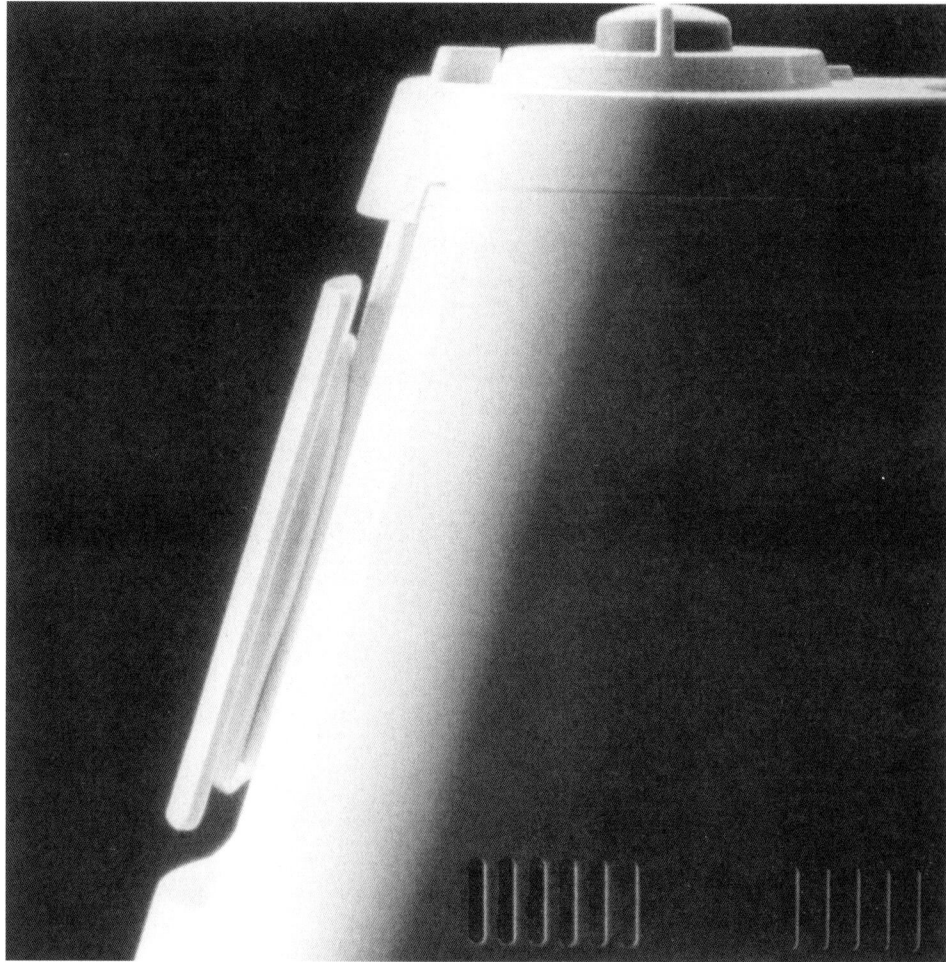

Küchenmaschine Multisystem K 1000 (1993):
abgeschrägter Motorteil mit Kabelaufwicklung
Multisystem K 1000 kitchen machine (1993):
detail of slanted motor and cable coil

Küchenmaschine Multisystem K 1000 (1993)
mit drei Arbeitsbehältern
Multisystem K 1000 kitchen machine (1993)
with three different bowl options

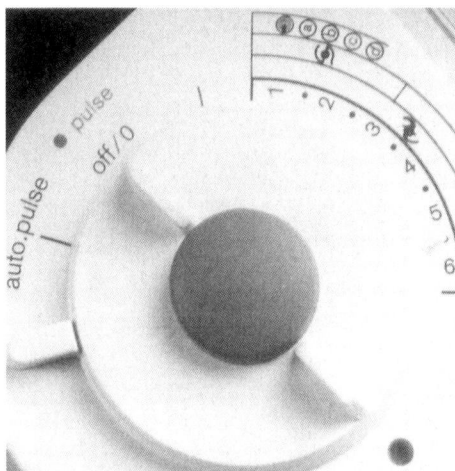

Küchenmaschine Multisystem K 1000:
Bedienungselement, Greifrand der
Rührschüssel, Querschnitt Rührschüssel,
Glasmixer, Querschnitt Motorteil (Details)
Multisystem K 1000 kitchen machine: controls,
grippable edge of mixing bowl, cross section of
mixing bowl, glass mixer, cross section of
motor (details)

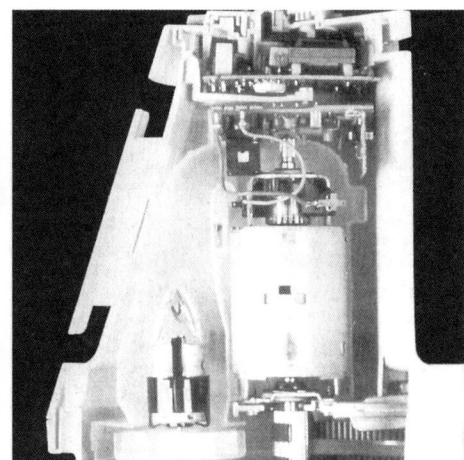
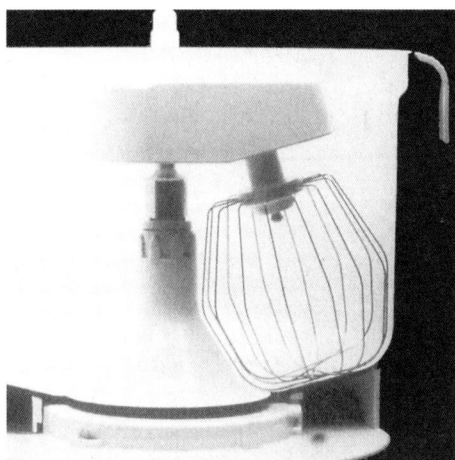

orientiertes Design zugleich eine hohe ästhetische Qualität haben kann. Sie entsteht
durch das Zusammenspiel der Linien, die
Ausgewogenheit der Proportionen und Volu-
mina. Zur KM 3/31 gehörte ein umfangreiches Zubehörprogramm.

Anfang der 1980er-Jahre entwickelten wir
dann ein neues Küchenmaschinenkonzept.
Mit der Multipractic plus UK 1 kann man sehr
viele Arbeiten in ein und demselben Arbeits-
gefäß erledigen. Sie ist gleichsam die Verbindung von klassischer Küchenmaschine und
Zerkleinerer. Der Antrieb für die verschiedenen Werkzeuge ragt von unten in den Arbeits-
behälter. Entscheidend für den Gebrauchswert solcher Tag für Tag intensiv genutzter
Geräte ist natürlich, dass sie einfach zu verstehen und zu bedienen sind, unbedingt sicher und nicht zuletzt leicht zu reinigen.

completely function-oriented design can also
have a high level of aesthetic quality. This
comes from the interplay of clean lines and
balanced proportions and volumes. The KM
3/31 also had a comprehensive array of
accessories.

In the early 1980s we began to develop a
new kitchen machine concept. The Multipractic plus UK 1 allows a multitude of tasks
to be performed in the same vessel. It is a
classic kitchen mixer and a shredder combined. The drive for the various tools projects
from the bottom of the container. Essential
features belonging to this kind of appliance
designed for intensive daily use are that it be
easy to use and to understand, that it is
completely safe and easy to clean.

1993 schließlich kam die dritte Generation der Braun Küchenmaschinen auf den Markt – das Multisystem K 1000. Das Design nimmt die Grundform der klassischen KM 3 auf: der Motorteil ist hinten abgeschrägt. Dafür gibt es aber auch konstruktive Gründe: Im unteren Bereich ist ein zweiter Motor für die Kühlung des eigentlichen Arbeitsmotors untergebracht. Das Konzept der K 1000 ist die Verbindung von drei Geräten in einem. Ein Arbeitsbereich ist Kneten, Rühren, Schlagen, ein zweiter Schneiden, Raspeln, Reiben. Der dritte schließlich Mixen und Zerkleinern. Für jeden Bereich gibt es ein eigenes, optimal auf die Arbeiten zugeschnittenes Gefäß – eine große Rührschüssel, einen Topf aus transparentem Kunststoff und einen Glasbehälter zum Mixen. Oben auf dem Motorteil ist das große Schaltelement angeordnet. Hier kann man die richtige Geschwindigkeit für die jeweilige Arbeit einstellen – auch mit nassen oder fettigen Fingern und als Linkshänder ebenso gut wie als Rechtshänder. Die Symbole auf der Skala helfen dabei. Die Gestaltung der Bedienungselemente und hier besonders auch der Produktgrafik, also die Kennzeichnung der Funktionen, hatten für uns einen sehr hohen Stellenwert. Die Form, die Platzierung, die Beschriftung von Schaltern waren immer überlegt gestaltet und wurden in Tests und Versuchen vielfach optimiert.

In 1993, the third generation of Braun kitchen machines came onto the market – the Multisystem K 1000. The design follows the basic form of the KM 3 but with a slanting back to the motor unit. There is a structural reason for this: the bottom of the device contains a second motor that cools the main drive motor. The K 1000 is a combination of three devices in one. One work mode is kneading, stirring and beating, another is cutting and grating, and the third is mixing and chopping. Each function has its own optimised vessel tailored to the task – a large mixing bowl, a transparent plastic pot and a glass vessel for mixing. The large control element is situated at the top, allowing easy selection of the correct speed required for each task, even with wet or greasy fingers, for both left and right-handed users. The symbols on the scale also aid operation. The design of the controls, in particular the product graphics, which indicate the functions, were of great importance to us. The form, placing and labelling of switches were always thought through with great care and optimised again and again in many tests and trials.

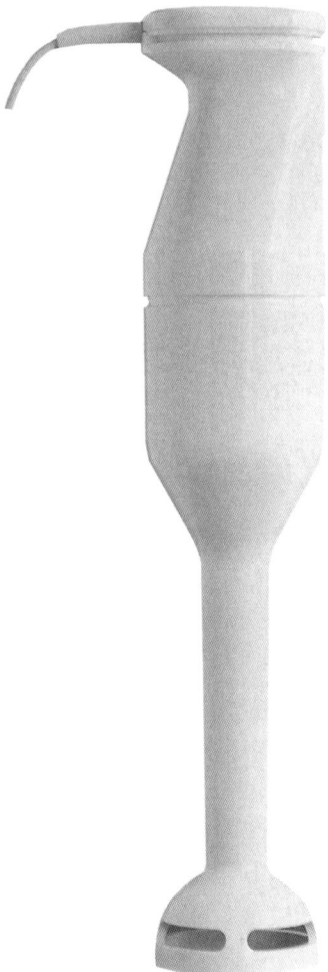

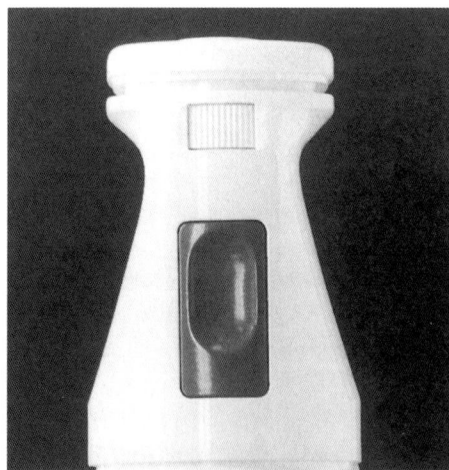

Stabmixer Multiquick 350 (1982)

Multiquick 350 wand mixer (1982)

multimix   220 Watt

BRAUN

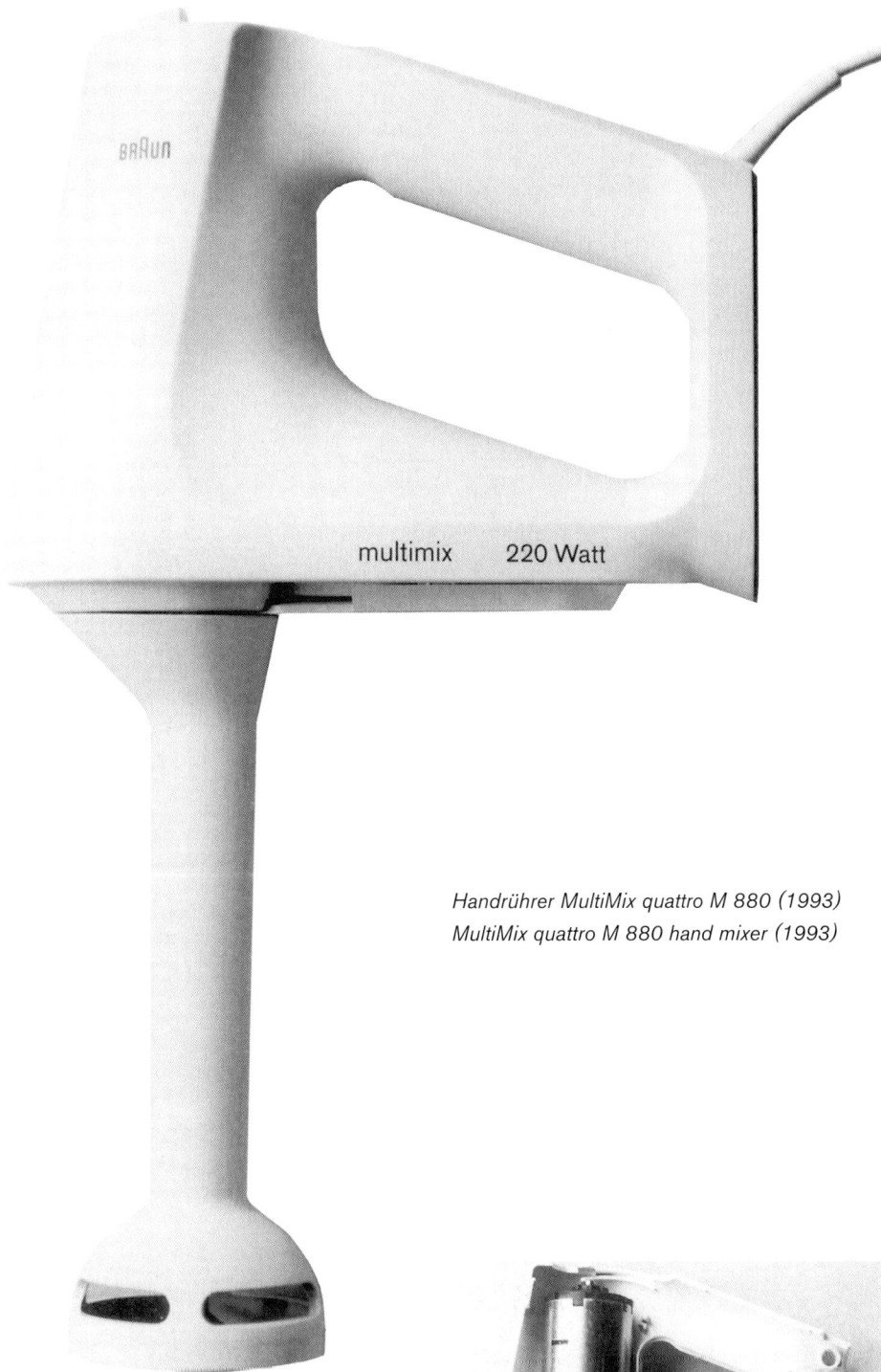

Handrührer MultiMix quattro M 880 (1993)
MultiMix quattro M 880 hand mixer (1993)

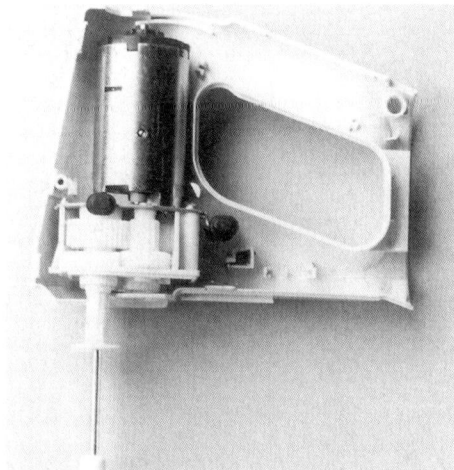

Direkte Kraftübertragung durch Anordnung des
Motors senkrecht über den Werkzeugen.
Direct power conveyance by placing the motor
vertically above the tools.

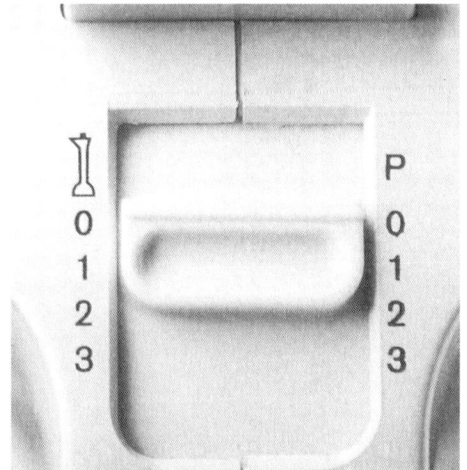

Bedienungselemente
Operating elements

Handrührer
Hand-held Mixers

Relativ früh begann Braun, Stabmixer herzu-
stellen – zuerst in Spanien. Mit diesen prakti-
schen, kompakten Handgeräten kann man direkt im Topf arbeiten – Rühren, Pürieren,
Mixen und Schlagen. Damit erfüllten die Stabmixer viele Funktionen von Küchenmaschinen,
besonders wenn es um kleinere Mengen
geht. Sie lassen sich unter fließendem Wasser leicht reinigen. Das Design ist aus der er-
gonomischen Funktion heraus entwickelt und
hat darin eine große Plausibilität. Das Griffteil, in dem auch der Motor untergebracht ist, hat
oben eine griffgerechte Mulde für sichere und
leichte Handhabung – eine inzwischen oft ko-
pierte Lösung.

Ein ebenfalls sehr erfolgreicher Produkttyp
waren Handmixer, wie man sie heute in fast
jedem Haushalt findet. Anfang der 1960er-

Braun began producing wand mixers quite
early on – initially in Spain. These practical,
compact hand tools allow you to work directly
in the cooking pot. Whether stirring, puréeing,
mixing or beating, the wand mixer fulfils many
of the tasks of a kitchen machine, especially
where small quantities are concerned. They
are also easy to clean by rinsing under the
tap. Their design developed from ergonomic
function and is therefore highly plausible. The
grip area, which contains the motor, is mould-
ed to allow safe and light handling and is a
feature that has often been copied since.

An equally successful product type were the
hand mixers found in almost every household
these days. We designed the very first

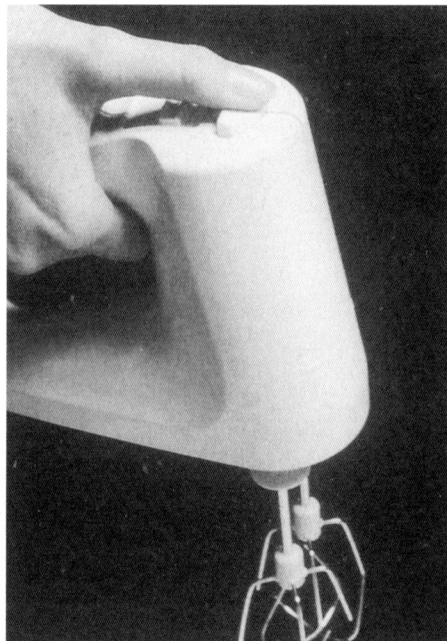

Einsatz für unterschiedliche Werkzeuge
Connection for different tools

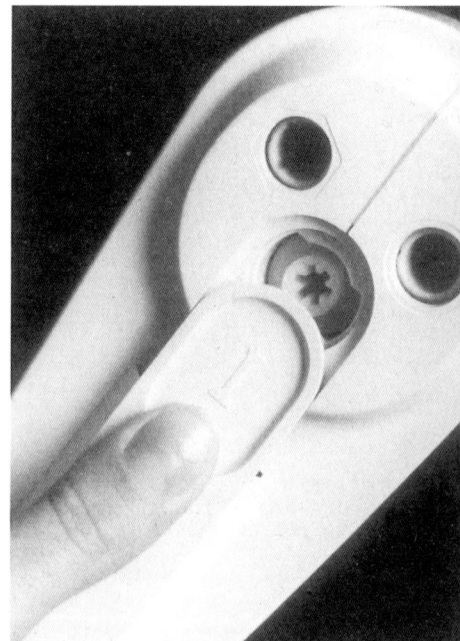

Schutzschieber für die Anschlussbuchse
Protection plate for mixer connection

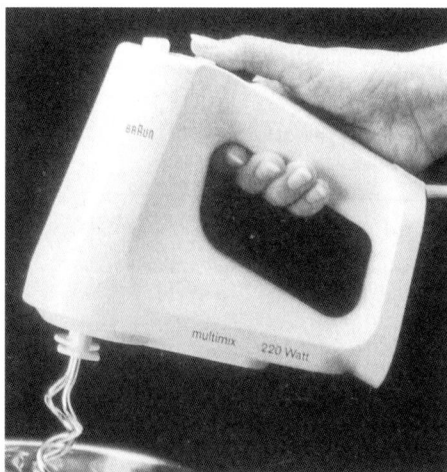

Praktische Handhabung des Handrührers
Practical grip positioning and handling

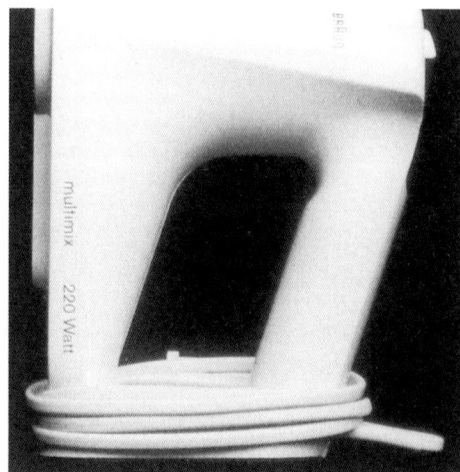

Abstellfläche mit Rand aus weichem Kunststoff
Base with edge made of soft plastic

Jahre gestalteten wir zum ersten Mal ein solches Gerät, das vier Funktionen erfüllte und rühren, kneten, mixen und zerkleinern konnte – und mit dem man direkt in Töpfen oder Schalen arbeiten konnte.

Kennzeichnend für die erste Gerätegeneration dieses Typs war bei Braun ebenso wie bei anderen Herstellern die horizontale Anordnung des Motors. Die Kraft wurde um 90 Grad auf die Werkzeuge wie z.B. den Rührbesen umgeleitet. Erst der Handrührer, den wir über drei Jahrzehnte später entwickelten, hatte ein ganz neues Innenleben und ließ sich deshalb viel gebrauchsgerechter gestalten, leichter und sicherer halten, bedienen, ablegen und reinigen. Das Design fasst unsere Erfahrung mit Küchengeräten – Handrührern ebenso wie Stabmixern – zusammen.

appliance of this kind at the beginning of the 1960s. It had four functions: stirring, mixing, chopping and kneading, and you could also use it directly in the pots or bowls you were cooking in.

The most significant feature of the first generation of these types of machines was the horizontal positioning of the motor. The power was transferred from it at a 90-degree angle to the tools, such as the whisks. Thirty years later we redesigned the whole guts of this mixer to allow for a more ergonomic form that was lighter and easier to grip, operate, set down and clean. This design combined the benefits of our experience with both hand mixers and wand mixers. The motor is situated vertically above the tools.

Die vier Funktionen des Stabmixers: Rühren, Kneten, Mixen, Zerkleinern
The four mixer functions: blending, kneading, mixing, shredding.

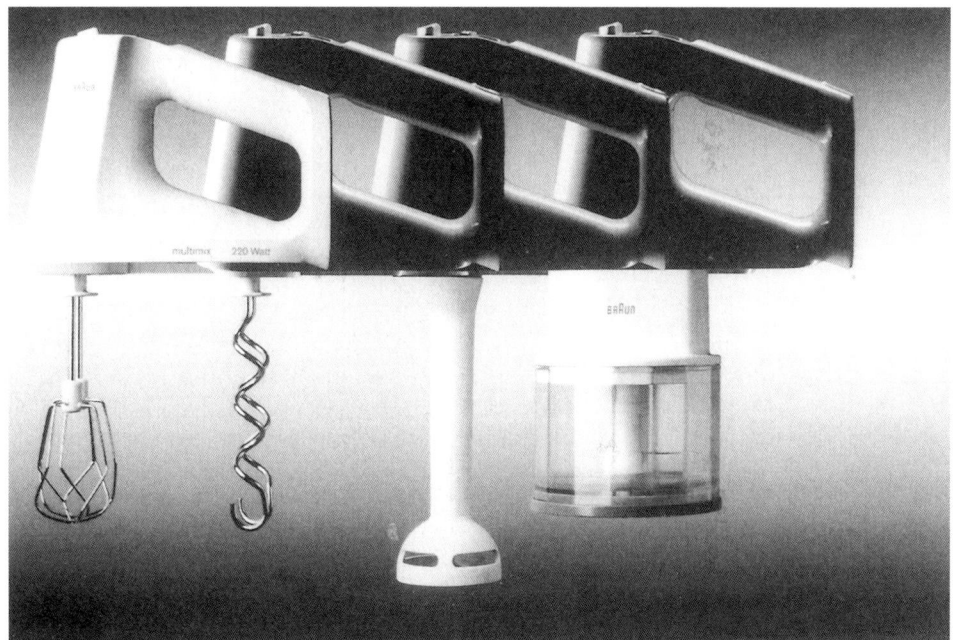

Der Motor ist senkrecht über dem Werkzeug angeordnet. Die gradlinige Kraftübertragung macht das Gerät bedeutend leistungsfähiger. Der Schwerpunkt liegt exakt über dem Werkzeug, dadurch ist der Handrührer gut ausbalanciert und lässt sich leicht führen. Das Griffteil ist ergonomisch geformt und hat die richtige Schrägstellung bei Verwendung jedes der vier Werkzeuge. Der Schalter ist groß, griffig und so platziert, dass er mit dem Daumen der Haltehand leicht bedient werden kann. Vor ihm sitzt die breite Taste, mit der man die Werkzeuge löst. Der Handrührer hat eine Vielzahl praktischer Details. Zum Beispiel ist die Fläche an der Rückseite mit einem Rand aus weichem Kunststoffmaterial versehen, damit das Gerät sich auch auf glatten, nassen Flächen sicher abstellen lässt.

The transfer of energy in a straight line makes the device considerably more powerful. The centre of balance lies directly above the tools, which means the mixer is well balanced and easier to guide with the hand. The grip is ergonomically formed and has just the right angle for operating each of the four types of tool. The switch is large, grippable and placed so that it is easy to operate with the thumb of the hand holding the device. In front of it is a wide button to release the tools. This hand mixer has a number of practical details, for example a border of soft plastic around the rear area so that the mixer can be put down safely on wet, slippery surfaces.

Saftpressen
Juicers

Braun war mit seinem Engagement für elektrische Küchengeräte seit jeher ernährungsreformerisch orientiert. Deshalb gab es von Mitte der 1950er-Jahre an auch Geräte im Programm, mit denen man frische, gesunde Obst- und Gemüsesäfte zubereiten konnte. Manche der Zitruspressen und Entsafter wurden jahrzehntelang hergestellt. Die Zitruspresse MPZ 7 ist eine der späteren Entwicklungsstufen dieses Gerätetyps. Sie nimmt die logische Grundform früherer Zitruspressen auf: Oben der große Presskegel, darunter der Klarsichtbehälter für den Saft und als Basis der Motorteil. Zum Eingießen kann man den Saftbehälter abnehmen. Auch die Zitruspresse MPZ 5, deren Grundform schon 1982 entstand, zeigt diese Zweiteilung: Der obere Teil mit dem Presskegel ist abnehmbar und dient als Gießgefäß.

Right from the beginning Braun was very nutrition oriented in its commitment to kitchen machines. That is why, from the mid-1950s onwards, some appliances in the programme were geared towards preparing fresh, healthy fruit and vegetable juices. Some of the citrus presses and juicers were manufactured for decades. The citrus press MPZ 7 was one of the later development phases of this kind of appliance. It follows the logical basic form of the earlier citrus presses, with the large pressing cone at the top, the transparent juice jug below and the motor at the bottom. The jug was removable for pouring the juice. The MPZ 5 citrus press from 1982 also had the same division. Here, the press at the top could be removed for pouring.

Zitruspresse MPZ 5 (1985) (Detail)
MPZ 5 juicer (1985) (detail)

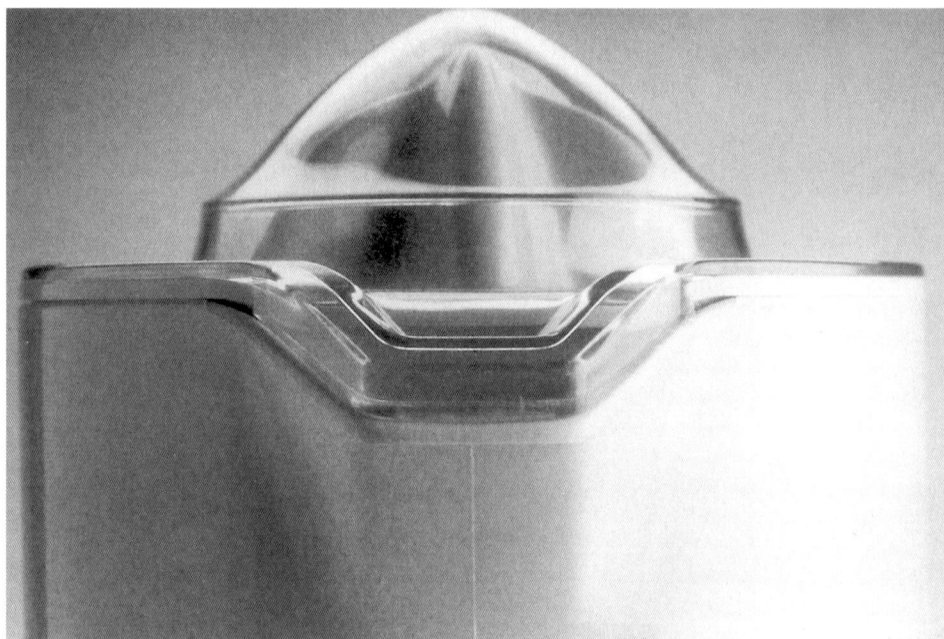

Zitruspresse MPZ 7 (1992)
MPZ 7 juicer (1992)

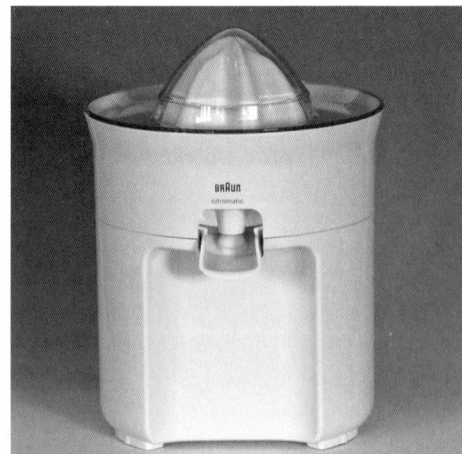

Zitruspresse MPZ 2 (1972)
MPZ 2 juicer (1972)

Bügeleisen
Irons

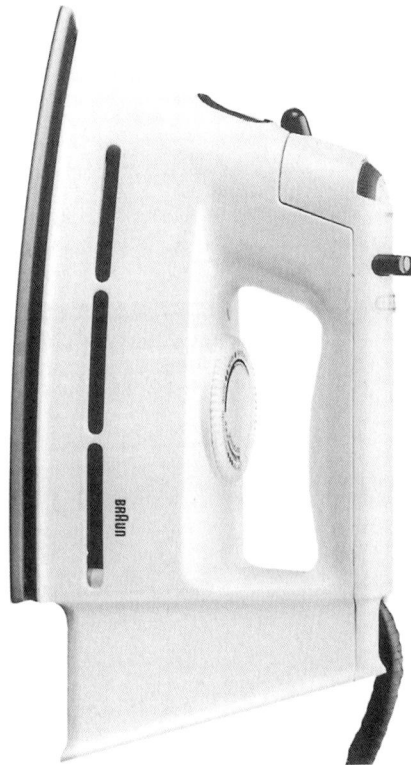

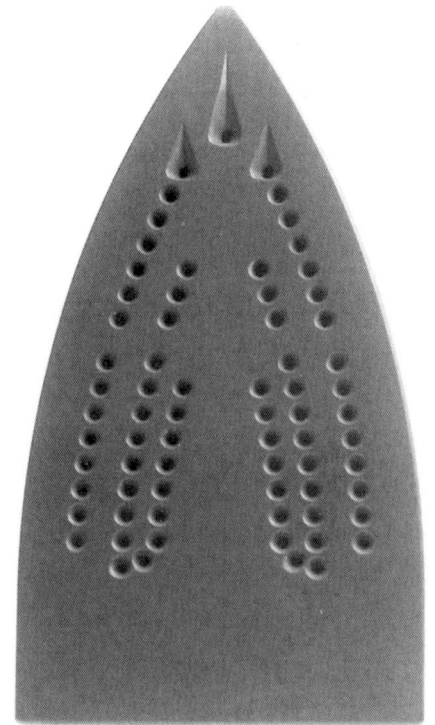

Dampfbügeleisen vario 5000 (1991)
Vario 5000 steam iron (1991)

Bei Haushaltsgeräten bedeutet gutes, funktionsorientiertes Design in keiner Weise vordergründig und gesucht neuartiges Design. Die seit 1984 produzierten Braun Bügeleisen können dafür als Beispiel dienen. Sie haben die Grundform, die sich bei Bügeleisen seit Langem als zweckmäßig erwiesen hat. Die Leistung des Design lag hier darin, mit dieser Grundform eine Gestalt zu entwickeln, die eine überzeugende Geschlossenheit und Ausgewogenheit hat. Sie wirkt weich, leicht und beweglich. Die Geräte lassen sich gut halten, führen und bedienen. Die Schalter und die zugehörige Produktgrafik waren, wie bei allen Braun Geräten, überlegt gestaltet und platziert.

Good functional design in household appliances has nothing to do with dominant or intentionally 'new' design. The Braun irons, made since 1984, are a good example of this. They have a core form that has proved its utility for years. The achievement here was to design a shape from this fundamental form that was convincingly well rounded and balanced. It comes across as being soft, light and mobile. The irons are easy to hold, use and operate. The switches and accompanying product graphics were, as with all Braun products, carefully thought through, designed and positioned.

Rasierer
Shavers

Bereits der erste Braun Rasierer – der S 50 von 1950 – hatte den Grundaufbau, den alle Braun Rasierer bis heute zeigen: Netzteil, Schwingankermotor und Scherkopf sind übereinander angeordnet. Es ist eine Konfiguration, die sich logisch aus Konstruktion und Funktion ergab. Der S 50 hatte eine sehr schlanke Form. Die Nachfolgegeräte wurden breiter, um Größe und Leistung des Scher-

From the very beginning – with the S 50 from 1950 – all Braun shavers have had the same basic construction: the main adaptor, the oscillating motor and the shaver head are all arranged on top of one another in a configuration that is a logical outcome of both construction and function. The S 50 had a very slim form. The subsequent devices

Elektrorasierer micron vario 3 (1985):
Der Zentralschalter mit Langhaarschneider lässt sich in drei Schritten ausfahren.

micron vario 3 electric shaver (1985):
The central switch for cutting long hair has three positions.

kopfs zu betonen. Im Laufe von vier Jahrzehnten wurden Technik und Design der Braun Rasierer Schritt für Schritt weiterentwickelt und verbessert. Es gibt wohl nur wenige Industrieprodukte, an denen mit solcher Stetigkeit gearbeitet worden ist. Die Designer waren dabei immer wieder an der Entwicklung neuer Lösungen beteiligt, die die Funktionen, die Gebrauchseigenschaften und die Handhabung der Rasierer verbesserten.

Ein Beispiel ist die Kombination der beiden Schersysteme, wie sie zum ersten Mal der micron vario 3 von 1985 bot. Der Langhaarschneider ist oben am großen Zentralschalter angeordnet und lässt sich in zwei Stufen ausfahren. In der zweiten Stufe kann man längere und kürzere Haare zugleich schneiden. Eine wichtige Aufgabe für das Design war

were broader to accentuate the size and capacity of the shaver head. Over the following 40 years the technology and design of the Braun shavers were gradually developed and improved. There are probably very few industrial products that have been worked on with such consistency in this way. The designers were always involved in developing new solutions for improving the function, performance characteristics and handling of the shaver.

One example is the combination of the two cutting systems that first appeared in the micron vario 3 from 1985. The long hair trimmer is at the top by the main switch and can be extended in two settings. The second setting allows both short and longer hairs to be cut at the same time.

auch hier die Produktgrafik, mit der die neue Funktion gekennzeichnet ist. Ein anderes Beispiel ist die innovative Gestaltung der Geräteoberfläche mit einer Kombination von hartem und weichem Kunststoff, die im Doppel-Injektions-Verfahren hergestellt wird. In enger Zusammenarbeit mit einem Kunststoffhersteller und mit langen, intensiven Versuchen fanden wir die geeigneten Materialien

Here as well an important task for the design team was devising the product graphics that indicated the new functions. Another example is the innovative design of the appliance's surface, made from a combination of hard and sort plastics produced using a double injection procedure. It took many long and intense experiments with a plastics producer to come up with suitable materials and the right

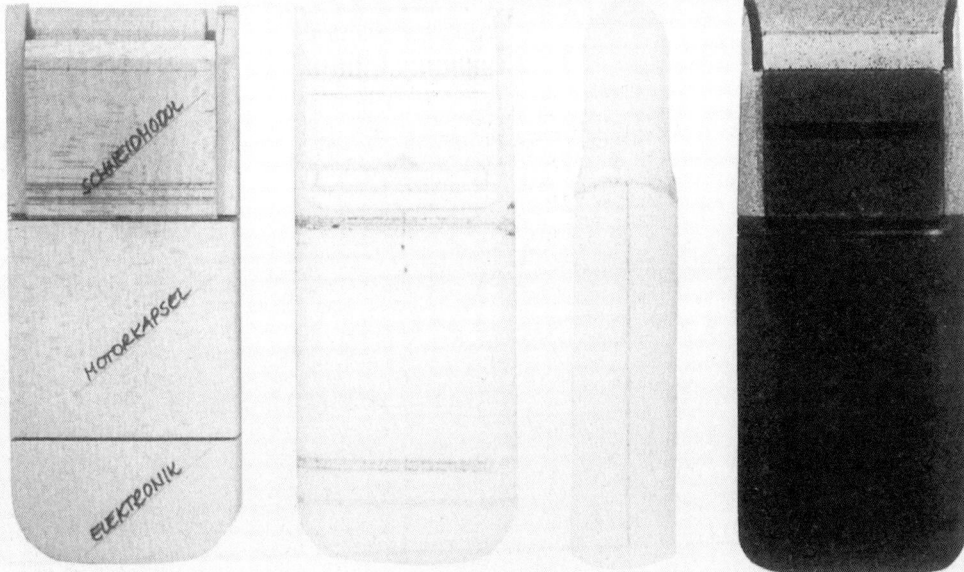

An Modellen wird der Aufbau eines Elektrorasierers (micron vario 3) untersucht.
Models help to study construction details of the electric shaver (micron vario 3).

Rasierergehäuse mit Kombination aus hartem und weichem Kunststoff (Detail)
Shaver housing: a combination of soft and plastics (detail)

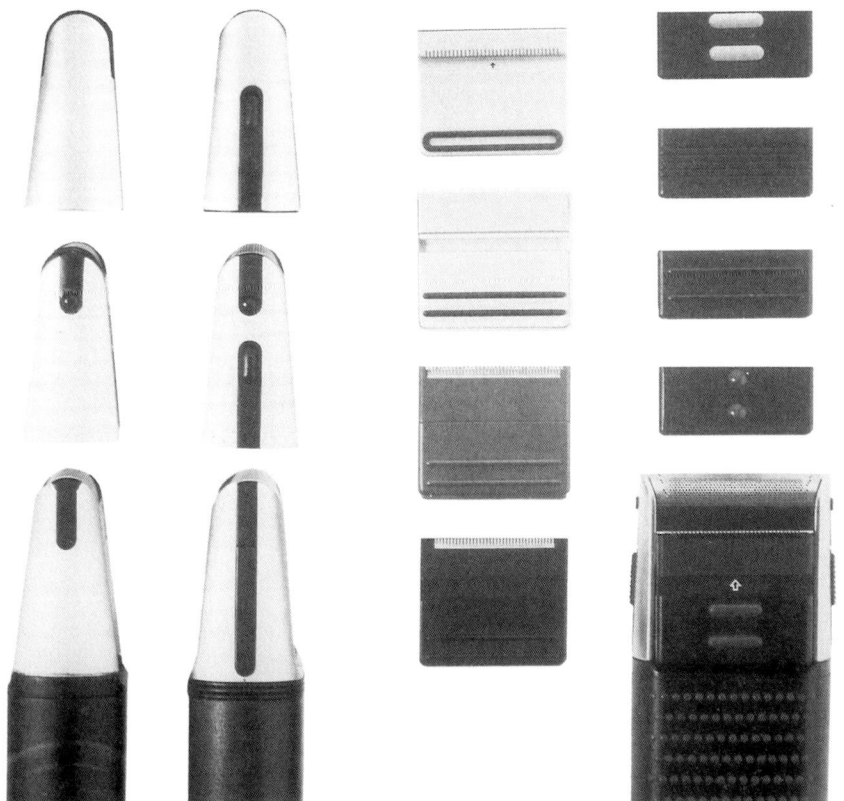

Links: Designvarianten für die Entnahme der Scherfolie
Rechts: Designvarianten für den Zentralschalter
Left: Various design options for removing shaving foils
Right: Design options for the main switch

Elektrorasierer micron vario 3 universal (1988)
micron vario 3 universal electric shaver (1988)

und die richtige Fertigungstechnologie. Der micron plus von 1979 zeigte zum ersten Mal ein hartes Kunststoffgehäuse mit weichen Griffpunkten. Diese Lösung hatte deutliche Gebrauchsvorteile: Die Rasierer lassen sich gut und angenehm halten. Sie rutschen nicht weg, wenn man sie auf glatten Flächen ablegt. Wir setzten die Hart-Weich-Technologie schließlich auch bei anderen Geräten ein. Ein drittes Beispiel für die gestalterisch-kon-

manufacturing technology. The micron plus from 1979 was the first shaver to feature a hard plastic shell with a soft grip dot-textured surface. This solution had considerable advantages during use: the shaver was agreeably comfortable to hold and it did not slide off slippery surfaces when it was put down. We went on to implement this hard-soft technology in a number of other appliances. A third example for the design/construction

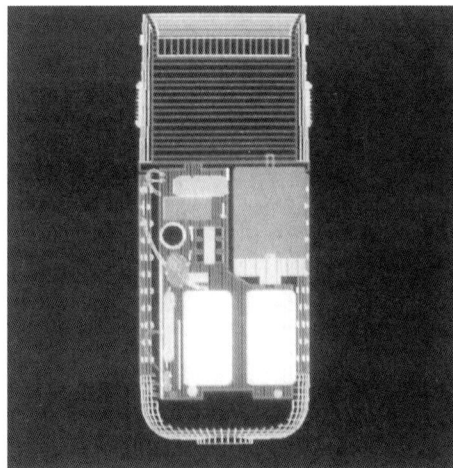

Aufbau des Elektrorasierers micron vario 3

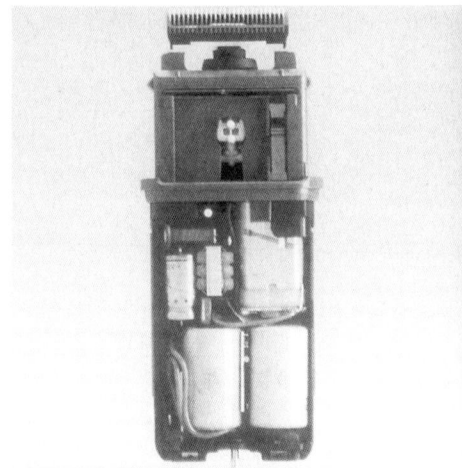

Construction: micron vario 3 electric shaver

struktive Arbeit des Design ist der bewegliche Scherkopf des Flex control (1991). Er hat eine doppelte Scherfolie und kann hin- und herschwingen, um sich den Gesichtsformen anzupassen. Angesichts der schwierigen Mechanik eines beweglichen Scherkopfs ließ sich eine funktionsgerechte kompakte Form nur durch eine sehr enge Zusammenarbeit zwischen Technik und Design erreichen.

aspect of our design is the flexible shaver head of the Flex control (1991). It had double cutting foils and could swing back and forth to better fit the contours of the face. Because of the difficult mechanics involved in a flexible shaver head, the final functional and compact form was only realisable thanks to very close collaboration between the technicians and the designers.

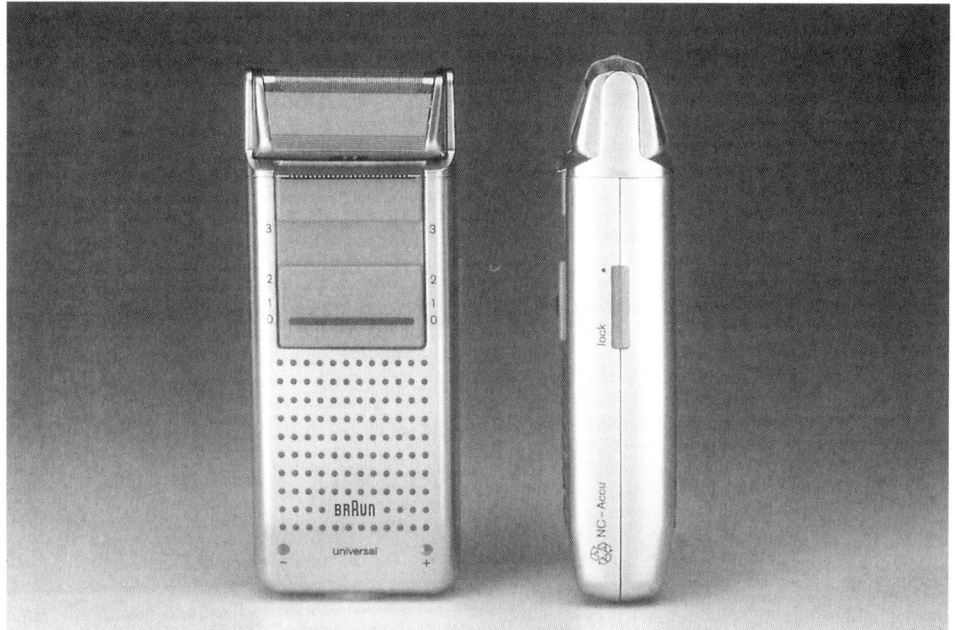

Elektrorasierer Flex Control 4550 (1991) mit Schwingkopf
Flex Control 4550 electric shaver (1991) with swing head

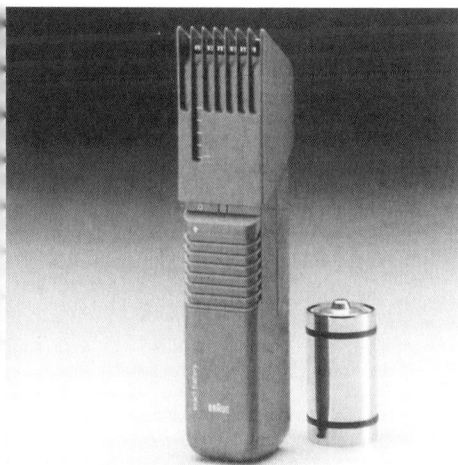

Bartschneider exact 5 (1986)
exact 5 beard trimmer (1986)

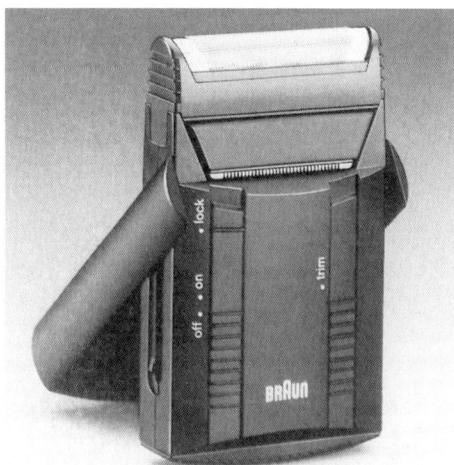

Batterierasierer pocket de luxe traveller (1990)
Battery-powered pocket de luxe traveller shaver (1990)

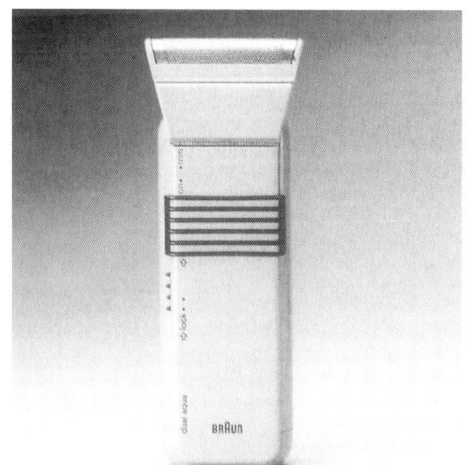

Dual Aqua Elektrorasierer für Japan (1987)
Dual Aqua electrical shaver for Japan (1987)

95

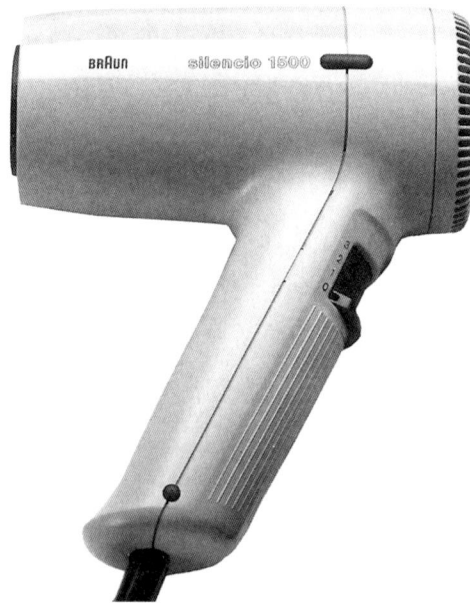

Haartrockner P 1500 / PE 1500 (1981)
P 1500 / PE 1500 blow dryer (1981)

Reisehaartrockner PA 1250 travelcombi mit
Klappgriff (1985)
PA 1250 travelcombi travel blow dryer with
foldable handle (1985)

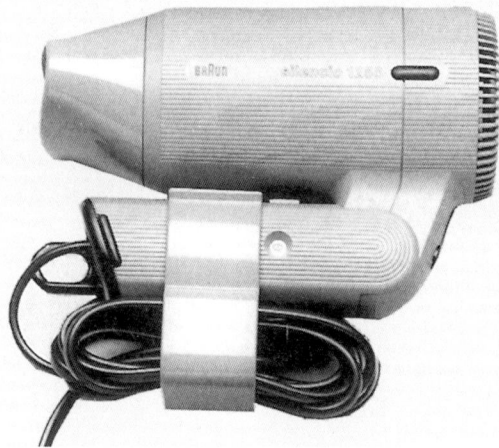

Haartrockner HLD 1000 / PG 1000 (1975)
HLD 1000 / PG 1000 blow dryer (1975)

Die Geschichte des Design von Haartrocknern ist auch die Geschichte des Design von Handgriffen. Der klassische Haartrockner hatte einen Griff, der senkrecht zur Richtung des Luftstroms steht. Durch eingehende Versuche erkannten wir, dass der senkrechte Griff weniger günstig war, wenn man das Gerät selber bediente.

Ein Haartrockner mit schräggestelltem Griff ließ sich leichter, unverkrampfter und ermüdungsfreier führen. Die Konsequenz waren Geräte mit ergonomisch schrägem Griff, eine Konfiguration, die sich bei Haartrocknern allgemein durchgesetzt hat. Bei Reisegeräten gestalteten wir die Griffe so, dass sie an das Gerät geklappt werden können. Im Laufe der Jahre entstand ein breites und vielseitiges Programm von Haarpflegegeräten.

Eine besondere Rolle spielen hier Lockengeräte, die nicht mit Strom, sondern mit Butangas beheizt werden. Braun stellte diese ganz neuartige Technologie 1982 vor. Die netzunabhängigen Geräte bieten den Gebrauchsvorteil, dass man sie überall und jederzeit verwenden kann.

The story of hairdryer design of is also the story of handle design. The classic hairdryer's handle is at right angles to the direction of the air current. Yet a closer examination told us that this perpendicular grip is not particularly practical for drying your own hair.

A hairdryer with a more acutely angled handle, however, is much easier, less inhibiting and less tiring to use. The result was hairdryers with ergonomically angled handles – a configuration that has since become the norm everywhere. For travelling versions, we designed a handle that could fold against the body of the machine.

Over the years we developed a broad and versatile programme of hair care appliances. A special mention should be give to the curling tongs that were heated using butane gas rather than with electricity. Braun first unveiled this new technology in 1982. These electricity-free appliances had the advantage in that they can could be used anywhere and any time.

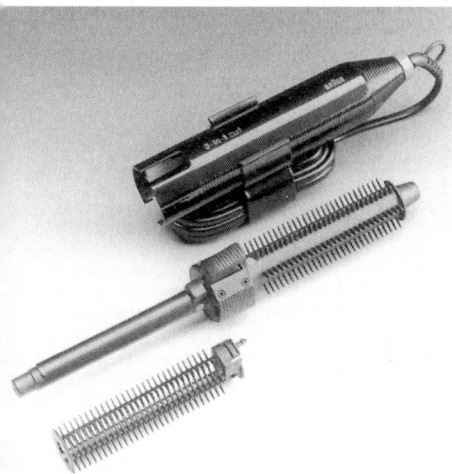

Lockenbürste und Lockenstab TCC 30
TCC 30 curling brush and curler

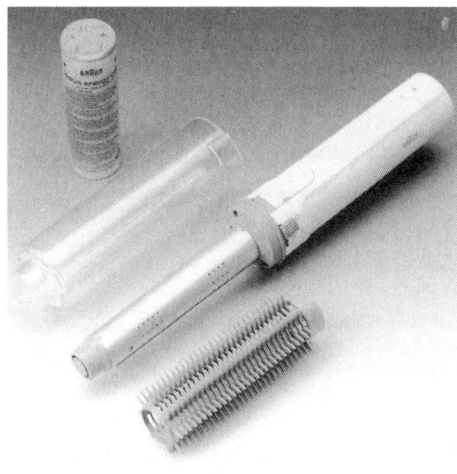

Stromunabhängiger Lockenstab GCC (1988)
GCC butane--powered curler (1988)

Lockenstab LS 34 (1988)
LS 34 curler iron (1988)

Mundpflegegeräte

Die Produktlinie der Zahnbürsten und Mundduschen zeigt – wie viele andere Braun Produktlinien – über Jahrzehnte hinweg eine ausgeprägte Konstanz im Design. Die Elektrozahnbürste Plak control, die 1991 eingeführt wurde, hatte eine innovative Technik, behielt

Dental Care

Like many other Braun product lines, the toothbrushes and oral irrigators demonstrated a distinctive degree of design consistency. The Plak Control electric toothbrush introduced in 1991 had innovative technology, yet

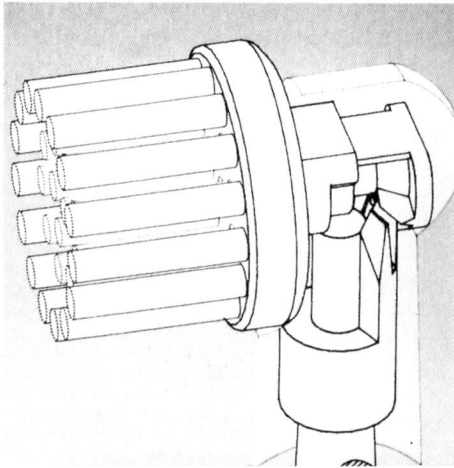

Oszillierend-rotierender Bürstenkopf
Oscillating rotary brush

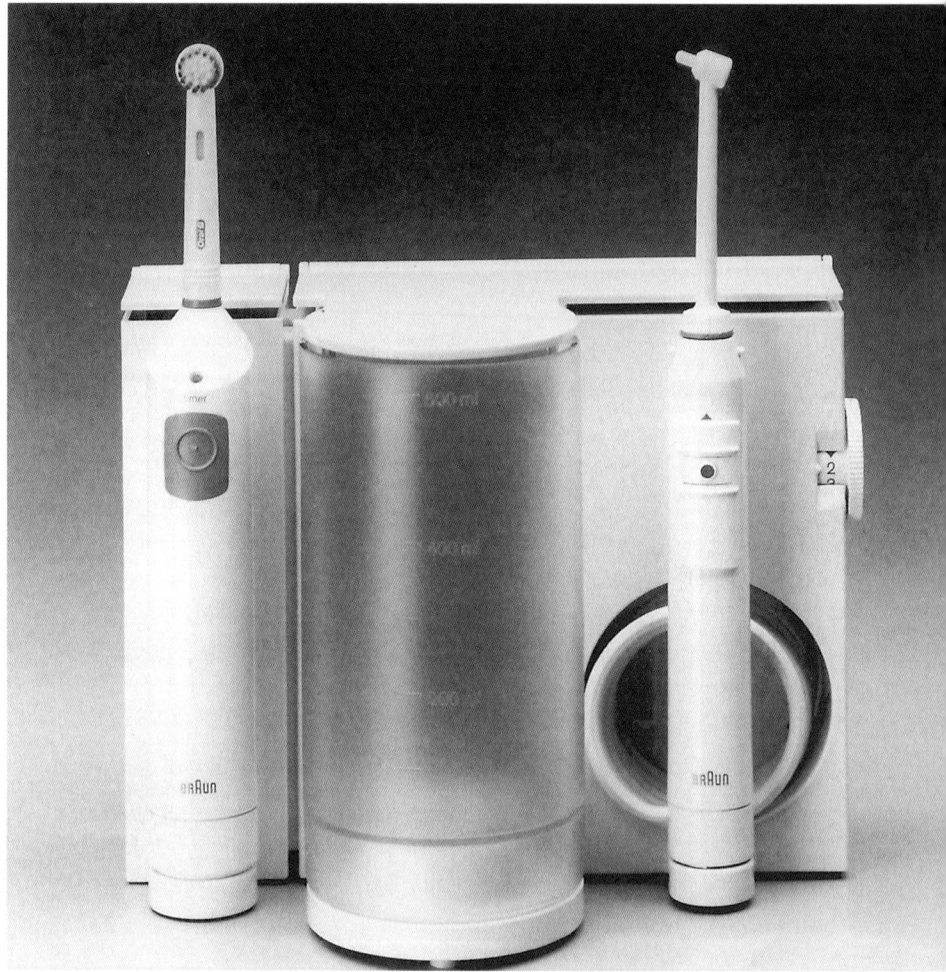

Mundpflegecenter Plak Control OC 5545S
(1992)

Plak Control OC 5545S dental care centre
(1992)

Plaqueentferner
Plak Control (1994)
Plak Control plaque
removal set (1994)

aber die einfache und vernünftige Grundform des Vorgängergeräts im Wesentlichen bei.

Der runde Bürstenkopf dieser Zahnbürste ist ein Beleg für eine der Grundüberzeugungen der Braun Designer: Die Qualität des Ganzen ist die Summe vieler gut gelöster Details. Um die Zähne von Plaque zu befreien, oszilliert der Bürstenkopf 3000 mal pro Minute hin und her. Dafür wurde ein kleines Winkelgetriebe genutzt, das die Konstrukteure zunächst gegen Zahnpasta abzudichten versuchten, von deren Schmirgelwirkung es schnell abgeschliffen worden wäre. Mit der Abdichtung hätte der Bürstenkopf aber nicht so kompakt sein können, wie er es sein sollte, um sich angenehm im Mund bewegen zu lassen. Im Dialog zwischen Technik und Design entwickelte sich eine Lösung mit einem Getriebe aus gesintertem, abriebfestem Stahl, das ohne Abdichtung auskommt und außerdem sehr klein sein kann. Das war Design im Millimeterbereich, das gleichwohl für die Gebrauchs- und die Gestaltungsqualität des Geräts entscheidend war.

essentially retained the practical basic form of its predecessor.

This toothbrush's rounded brush head is proof of the Braun designers' core beliefs that the quality of the whole is the sum of many well-solved details. To free the teeth from plaque, the brush head oscillates back and forth at 3,000 times per minute. A small right-angled drive was used for this that the technicians tried hard to insulate from the toothpaste since it acted like sand and quickly wore the gears out. Yet this insulation would have meant that the toothbrush could not have been as compact as it needed to be to move around easily within the mouth. So the designers and the technicians came up with a solution together: a gear mechanism made from vitrified, abrasion-proof steel that needs no insulation and can also be very small. That was design on a millimetre scale that was as decisive for the user as it was for the design quality.

Uhren and Taschenrechner
Clocks and Pocket Calculators

Tisch- und Weckuhr funktional (1975)
funktional table and alarm clock (1975)

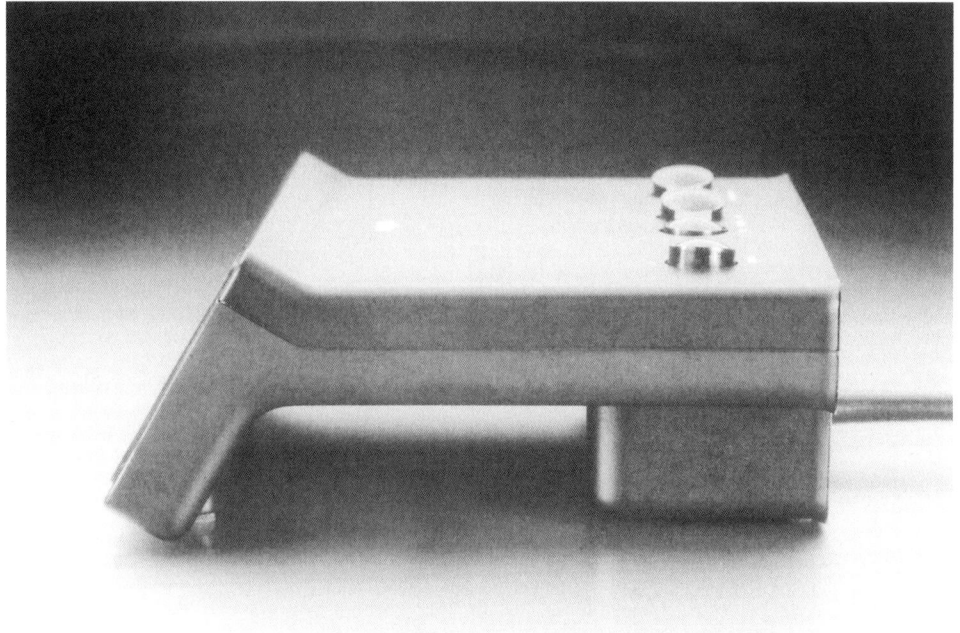

Seit Peter Henleins Nürnberger Ei werden Uhren für den privaten Gebrauch eher dekorativ und repräsentativ gestaltet als funktional. Bei Braun haben wir sie dagegen immer als Zeitmessgeräte aufgefasst. Ihre besondere Eigenart – die es erlaubt, einen Braun Reisewecker oder eine Armbanduhr auf den ersten Blick zu erkennen – erhielten sie nicht durch formale Besonderheiten, sondern im Gegenteil durch den völligen Verzicht auf sie. Das Design konzentrierte sich auf den einzigen Zweck einer Uhr: Die Zeit anzuzeigen.

Since Peter Henlein's Nuremburg Egg from the 16th century, clocks for private use have tended to be decorative and representative rather than functional. At Braun, on the other hand, we have always regarded them as instruments for measuring time. They acquired their particular character – which meant you could always tell a Braun travel alarm clock or watch at a glance – not from formal peculiarities but, quite the opposite, from a complete lack of them. The design focused purely on the single function of a clock: to tell the time.

Links: Weckuhr phase 3 (1972)
Rechts: Wanduhr ABK 30 (1982)
Left: phase 3 alarm clock (1972)
Right: ABK 30 wall clock (1982)

Funkuhr time control DB 10 fsl digital (1991)
time control DB 10 fsl digital clock radio (1991)

Eine der ersten elektronischen Braun Uhren war die Tisch- und Weckuhr funktional. Sie kam 1975 auf den Markt. Kennzeichnend waren das große, schrägstehende LED-Display für die digitale Zeitanzeige und die betonten, leicht zu bedienenden Tasten. In den folgenden Jahren entstanden auch zahlreiche Uhren mit analoger Zeitanzeige, die für die meisten Menschen klarer und angenehmer zu lesen war. Die Zifferblätter sind mit der denkbar größten Sorgfalt gestaltet, um möglichst

One of the first Braun electronic clocks was the funktional alarm clock that came on the market in 1975. Its main feature was the large, angled digital LED time display and the accentuated, easy-to-use buttons. In later years a number of clocks with analogue displays were produced that were clearer and more comfortable to read for most people. The clock faces were designed with the greatest imaginable care to be as clear and easy to read as possible.

Uhrenradio ABR 21 (1978)
ABR 21 clock radio (1978)

Taschenrechner und Uhr world traveller ET 88 (1991): Die Tasten sind konvex gewölbt, um sie gezielter und damit sicherer bedienen zu können.
ET 88 calculator and clock world traveller (1991): Keys are convex to ensure better and more accurate operation.

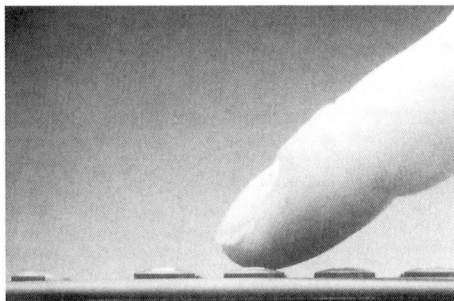

Armbanduhren AW 15/20/30/50 (1989–1994)
AW 15/20/30/50 wristwatches (1989–1994)

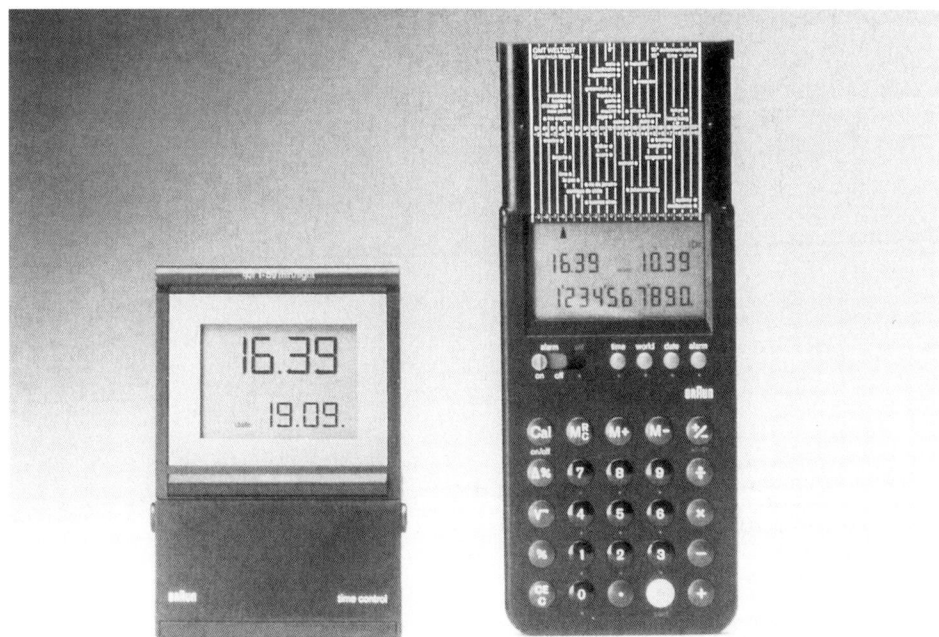

Funkuhr time control DB 10 fsl digital und Taschenrechner sowie Uhr world traveller ET 88. Bei der Gestaltung der beiden Geräte stand die Produktgrafik im Vordergrund.

The time control DB 10 fsl clock and the world traveller ET 88 calculator and clock combination. The product graphics were of primany importance in the design of both devices.

übersichtlich und leicht und sicher ablesbar zu sein. Seit 1976 gehören auch Taschenrechner zum Braun Programm, die ähnlichen Prinzipien folgen. Sie wurden technisch ständig weiterentwickelt, ihr Design blieb aber zwei Jahrzehnte hindurch weitgehend unverändert. Die Taschenrechner waren so dimensioniert, dass sie gut in der Hand liegen. Die Tastatur wurde übersichtlich geordnet. Die konvexe Wölbung der Tasten erfüllte eine psychologische Funktion: Sie ließen sich einfach zielsicherer tippen.

From 1976 on, pocket calculators were also part of the Braun programme and they followed similar principles. They were being constantly technically developed, yet their design remained more or less constant for two decades. The pocket calculators' dimensions allowed them to sit easily in the hand. The keypads were clearly organised. The keys' convex curves served a psychological function in that they were simply easier to press accurately.

Designstudien

Design Studies

Immer wieder entstanden in der Braun Designabteilung Studien – auf eigene Initiative neben der täglichen Arbeit. Ich halte es für sehr wichtig, dass Designer den Freiraum haben, eigene Ideen zu entwickeln und anschaulich zu machen. Die meisten unserer Studien sind nicht realisiert worden – aus den unterschiedlichsten Gründen. Aber sie

The Braun design department was always involved in self-initiated design studies alongside the usual daily workload. I believe it is very important for designers to have the creative space to develop and refine their own ideas. Most of our studies never went into production – for various reasons – but they often gave important impulses to

Studie: Uhrenradio mit Batterie- und Solarantrieb
Study: battery and solar-powered clock radio

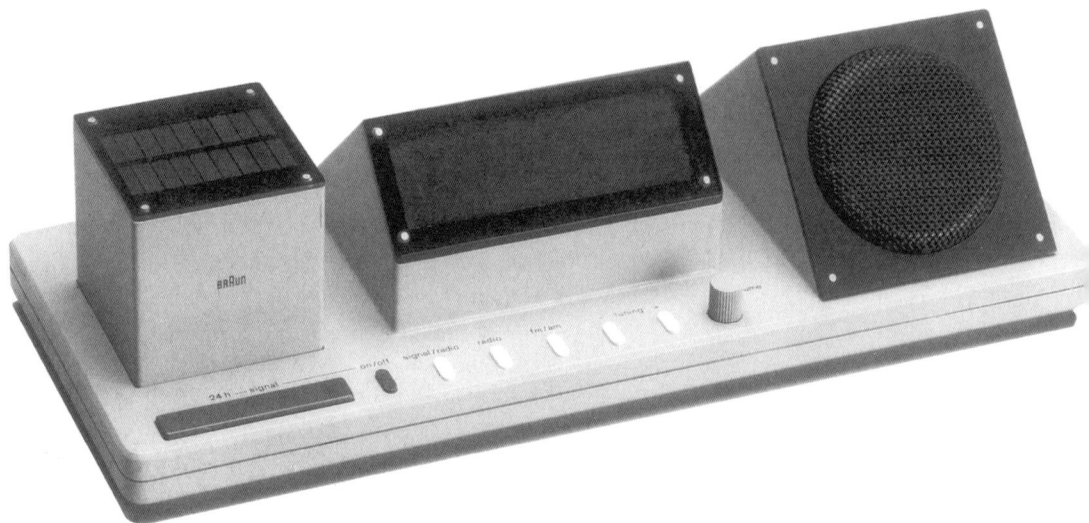

haben oft wichtige Impulse für die Produktentwicklung gegeben und unsere normale Gestaltungsarbeit beeinflusst. Einige wenige Beispiele werden auf dieser und den folgenden Seiten gezeigt – Tischuhren, Portables, HiFi-Anlagen, Uhrenradios, Taschenlampen. Die gezeigten, aber auch alle anderen von uns ausgearbeiteten Studien sind Entwürfe von neuartigen Gerätekonzepten, nicht etwa nur formale Modifikationen vorhandener Produkte. Wir setzten dabei oft auf ganz innovative Technologien oder versuchten sogar, erwartbare technische Entwicklungen vorwegzunehmen.

Das Design, die sichtbare Form ergibt sich – auch hier unterscheiden sich unsere Studien nicht von den verwirklichten Entwürfen – aus der Gebrauchsoptimierung.

product development and our regular design work. A few examples are shown on the follwoting pages – clocks, portables, hi-fi systems, clock radios and flashlights. The studies shown, and those not shown, were not simply formal modifications to existing products, but designs for totally new object concepts. We often used completely innovative technologies or attempted to anticipate future technological developments.

Our studies were no different from our realised products in that the designs and the resulting forms always evolved from an optimisation of utility. The two studies for clock radios show this well.

Studie modulares Uhrenradio-System mit
Kassettendeck (1978)
Study: Modular clock radio system with
cassette deck (1978)

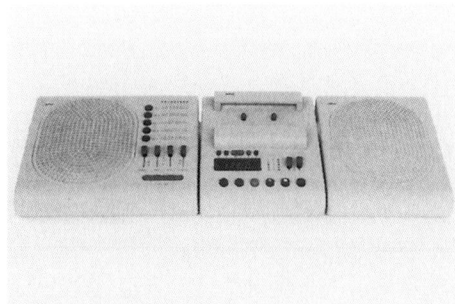

Studie tragbare Musikanlage (1978): Ein Lautsprecher ist vor die Bedienfläche geschoben.

Portable music system (1978) study:
One speaker slides in front of the control panel

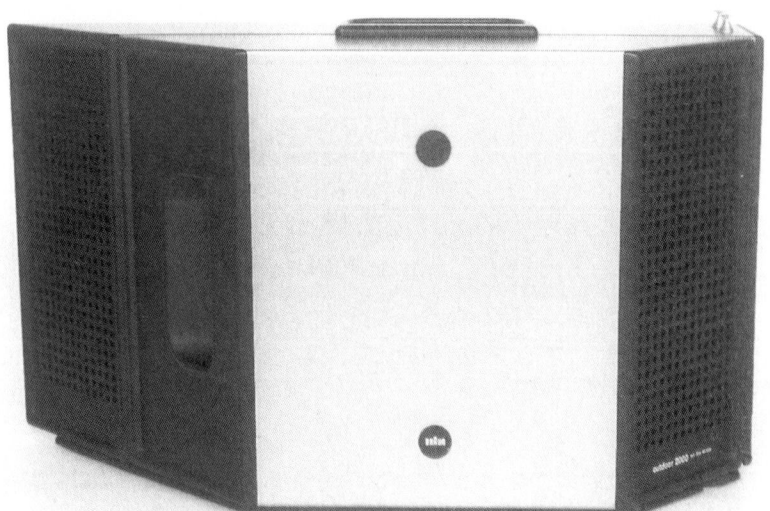

Studie tragbare Musikanlage: Wenn der
Lautsprecher zur Seite geschoben ist, liegt die
Bedienfläche frei.
Portable music combination study: The speaker
is pushed aside to reveal the control panel.

Die beiden Studien für Uhrenradios zeigen
das beispielhaft. Der Entwurf auf Seite 102
schlug ein Gerät vor, das mit Batterien und
Solarenergie arbeitet. Solarenergie allein hätte nicht ausgereicht für den Betrieb des
Radios. Das Design ist betont additiv – drei
geometrische einfache, deutlich voneinander
getrennte Körper auf einem gemeinsamen
Tablar, in dem Leiterplatte und Bedienungsfunktionen untergebracht sind. Der Kubus
links enthält die Batterie, das angeschnittene
Prisma in der Mitte das Solarelement und das
vollständige Prisma rechts den Lautsprecher.

Das Uhrenradio auf Seite 103 ist zugleich in-
tegrativ und modular gestaltet: Drei Bausteine – Radio plus Uhr, Kassettenrecorder und
Zusatzlautsprecher - bilden zusammengefügt
einen homogenen Körper. Die drei Module
sollten auch einzeln verwendbar sein. Vorge-

The design on page 102 proposed an object
powered by both batteries and solar energy –
solar energy alone would not have been
sufficient to run the appliance. The design is
emphatically additive – three simple geome-
tric forms, clearly separated from one another,
sit on a shared tablet containing the circuit
board and the operating functions. The cube
on the left contains the battery, the central
cut-off prism form the solar element, and the
prism on the right the loudspeakers.

The clock radio on page 103 is both modular
and integrative. It has three modules – a radio
plus clock, a cassette player and an additional
loudspeaker – that together form a homogenous unit.

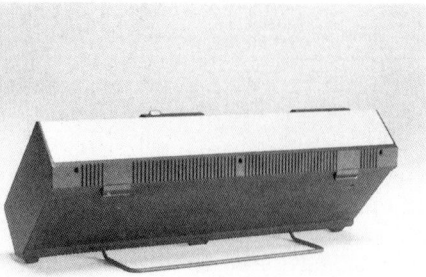

Bedienungsgerechte Platzierung mit Aufstellbügel
User-friendly placement of the support

Wandmontage auf Schiene

Wall-mounted on a rail

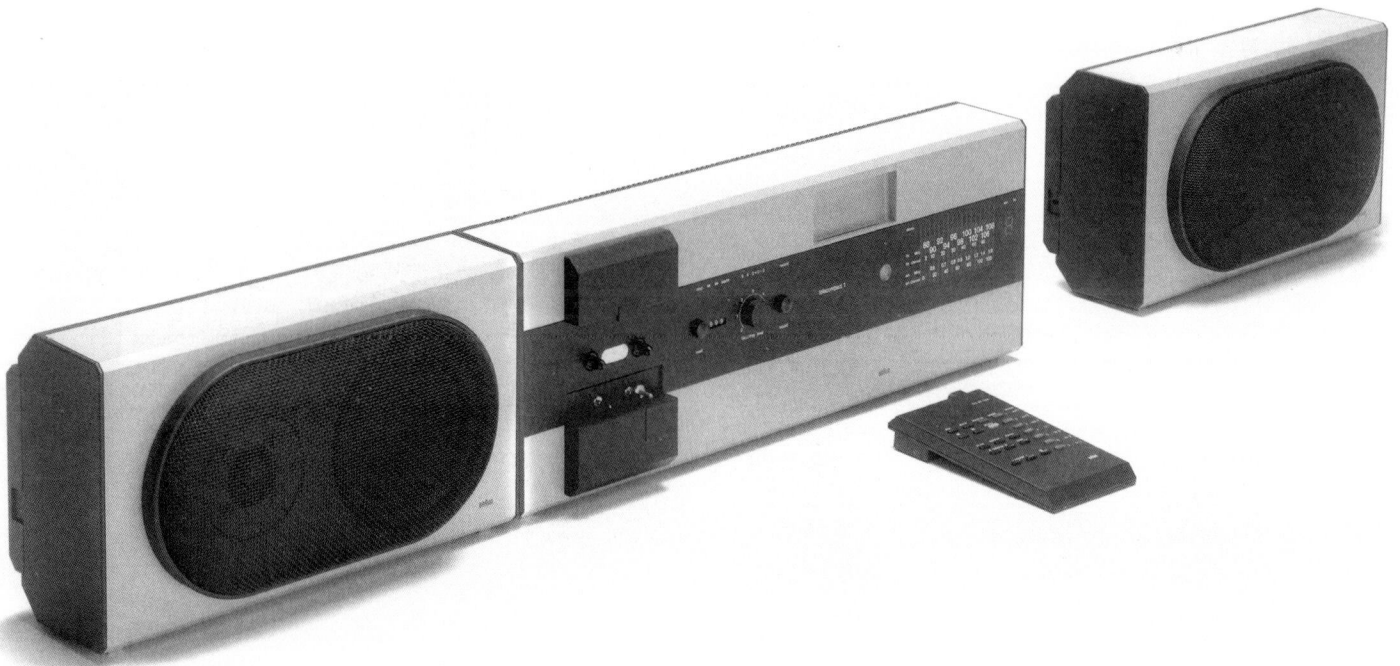

Studie Hi-Fi Anlage 'telecompakt' mit Fernbedienung (1979)
Study for a 'telecompakt' hi-fi system with remote control (1979)

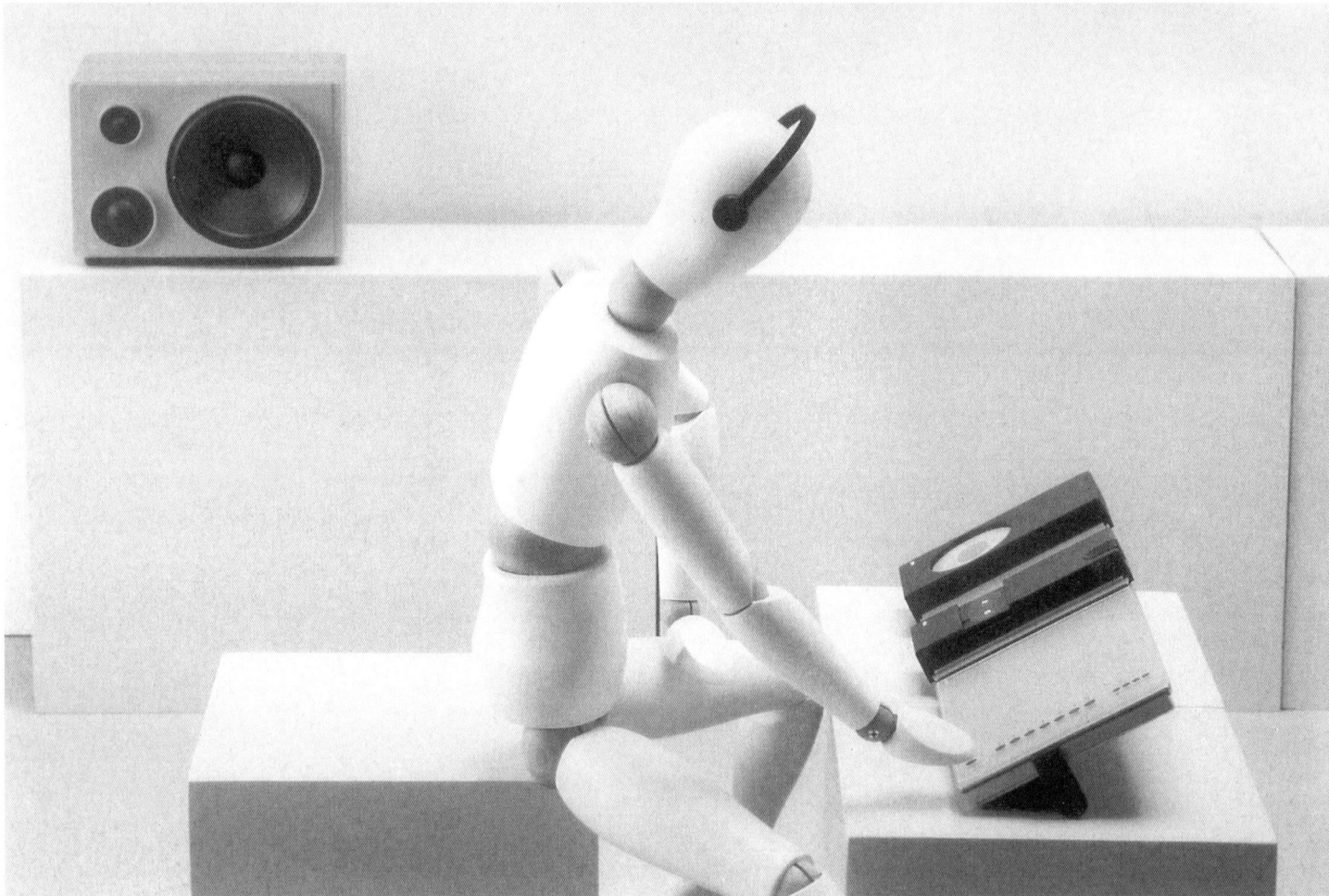

Studie HiFi-Anlage 'Audio Additiv Programm'
(1979)

Study for the 'Audio Additiv Programm'
hi-fi system (1979)

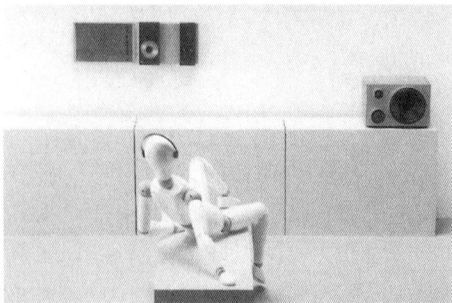

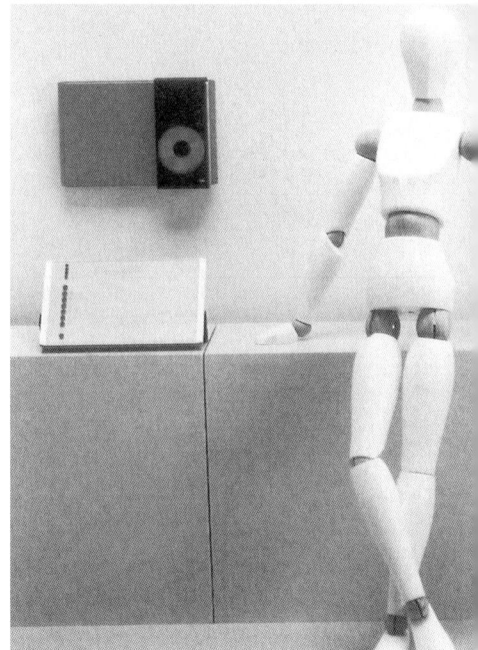

sehen war ein leistungsfähiges Radio. Der Entwurf nahm etwas von der Idee möglicher miniaturisierter Musikanlagen vorweg.

The three modules can also be used separately. The intention was to develop a high-capacity radio. The resulting design was a forerunner of the concept of miniaturised stereo systems.

Auf den Seiten 103 und 104 ist der Entwurf eines Portables vorgestellt. Für den Transport ist das Gerät rundum geschlossen. Die schrägen Seitenflächen bestehen aus weichem, stoßfestem Material. Zum Gebrauch schiebt man das Frontteil zur Seite, in dem ein zweiter Lautsprecher untergebracht ist, und legt so die Bedienungsfläche frei. Der zur Seite geschlossene Lautsprecher verbreitert die Lautsprecherbasis und verbessert auf diese Weise die Wiedergabequalität.

Ende der 1970er-Jahre entstanden mehrere Studien für HiFi-Anlagen. Ein Konzept hatte den Arbeitsnamen ‚telecompakt': Eine sehr kompakte HiFi-Bausteinanlage, die – damals neu – konsequent auf Fernbedienung hin ausgelegt war (Seite 105). Die Geräte sollten frei aufstellbar sein. Vorgesehen war aber ebenso die Platzierung an der Wand in einer speziell entwickelten Schiene, die auch die Kabel aufnehmen konnte. Die Anlage hatte ein Kassettendeck – CDs waren damals noch Zukunftsmusik. Als Plattenspieler hätte ein Gerät aus dem Braun Programm wie etwa der PDS 550 genutzt werden können.

Pages 103 and 104 show a design for a portable stereo system that can be completely folded closed for transport. The angled sides are made of soft, impact-resistant material. To use, you slide the front part, containing the second loudspeaker, to one side to reveal the operating unit. The second, side-mounted loudspeaker expands the speaker base and thereby improves the sound quality.

Towards the end of the 1970s we did a number of studies for hi-fi systems. One of these concepts had the working title 'telecompakt' (page 105). It was a very compact modular stereo system that specifically relied on a remote control – which was new in those days. The stereo components were designed to be stand-alone, but there was also a specially developed track that could conceal the cables and enabled the 'telecompakt' to be hung on the wall. The system had a cassette player – CDs had not yet been invented. Any record player from the Braun programme, such as the PDS 550, could be added on if required.

Leistungsbausteine für die Studie ‚Audio Additiv
Programm' – Lautsprecher und Verstärker
speaker and amplifier for the 'Audio Additiv
Programme' study

Steuer- und Bedieneinheit mit großem Display
Control and operating elements on a large
display

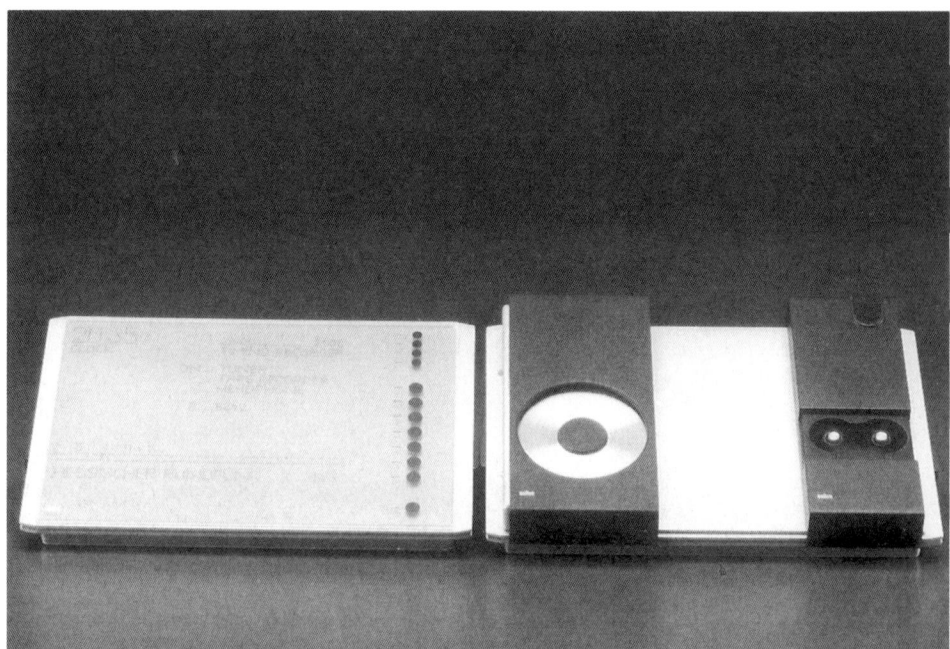

Auch eine zweite wichtige Studie entstand Ende der 1970er-Jahre: Das ‚Audio Additiv Programm' (Seiten 106-108). Das Konzept dieser Anlage nutzte konsequent die Möglichkeiten der damals noch ganz innovativen Mikroprozessor-Technologie, die dann tatsächlich bestimmend für die weitere Entwicklung der Unterhaltungselektronik wurde.

Der Mikroprozessor erlaubte Einzelkomponenten, die über Datenbus miteinander kommunizieren. Das gab Freiheit bei der Verbindung und Trennung von Funktionen. Verstärker und Lautsprecher konnten zu einem Leistungsbaustein kombiniert werden. Ein zweiter Baustein fasste alle Steuer- und Bedienungsfunktionen zusammen.

A second important study from the end of the 1970s was the 'Audio Additiv Programm' (pages 106-108). This system concept used early microprocessor technology, which later came to play a decisive role in the development of the entire hi-fi industry.

The microprocessors allowed the individual components to communicate with one another via a shared data bus. This allowed greater freedom in combining and differentiating functions. The amplifier and speakers could thus be combined in a single performance module. A second module then combined all the control and operating elements.

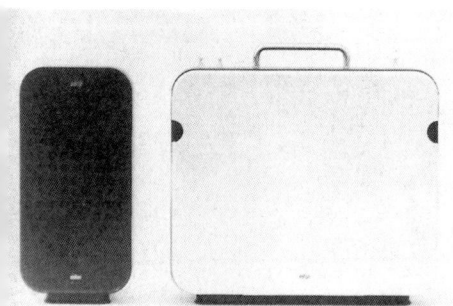

Studie Weltempfänger mit separatem Lautsprecher (1970)

Study for a world receiver with separate loudspeakers (1970)

Weitere Module waren beispielsweise Kassettendeck und CD-Spieler. Für alle Elemente war derselbe Grundkörper vorgesehen: Ein Rahmen aus Zinkdruckguss. Das Design der Anlage vermittelte ihre Hightech-Qualität und Neuartigkeit. Die Kontroll- und Bedienungseinheit nahm das Design heutiger Laptops vorweg: Auf einem großen Display wird über die Funktionen deutlich und auch auf Distanz ablesbar informiert. Vorgesehen war eine Bedienung mit Sensortasten, aber auch Fernbedienung. Die Bausteine ließen sich in jeder denkbaren Anordnung platzieren. Wie die meisten unserer Designstudien nahm auch diese ein Stück Zukunft vorweg. Sie wäre heute, nach rund dreißig Jahren, natür-

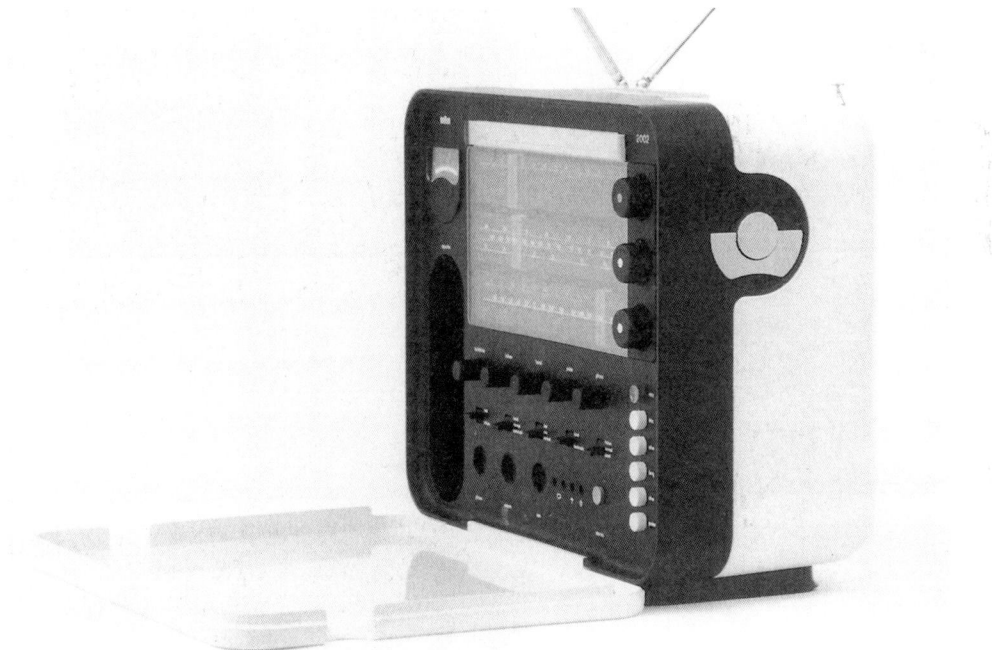

Further modules were, for example, the cassette deck and the CD player. The same basic casing was used for each element: a die-cast zinc frame. The system's design communicates both its high-tech qualities and its novelty. The control and operating elements were precursors of today's laptops: A large display, visible from a distance, gives the user clear information about the functions. Sensor buttons, as well as a remote control device, were intended for its operation. The individual modules could be arranged in any constellation imaginable. As with most of our studies, this device predicted the future to a certain extent. Today, some 30 years later, it is

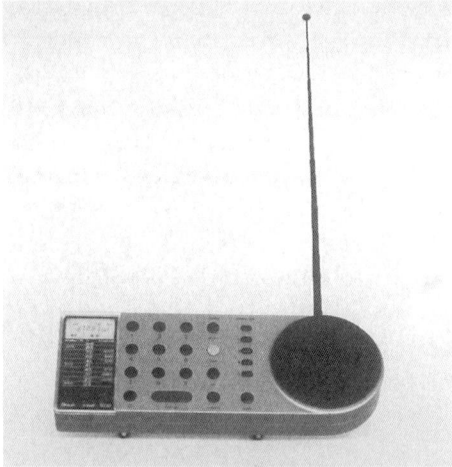

Studie miniaturisierter Weltempfänger (1978)
Study for a miniaturised world receiver (1978)

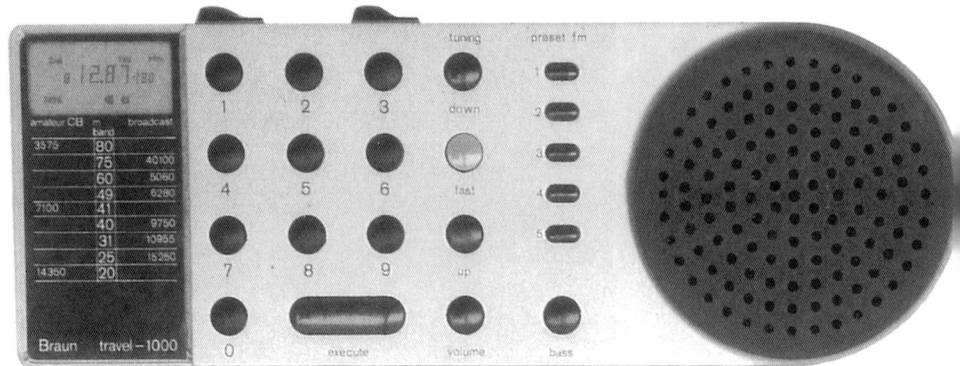

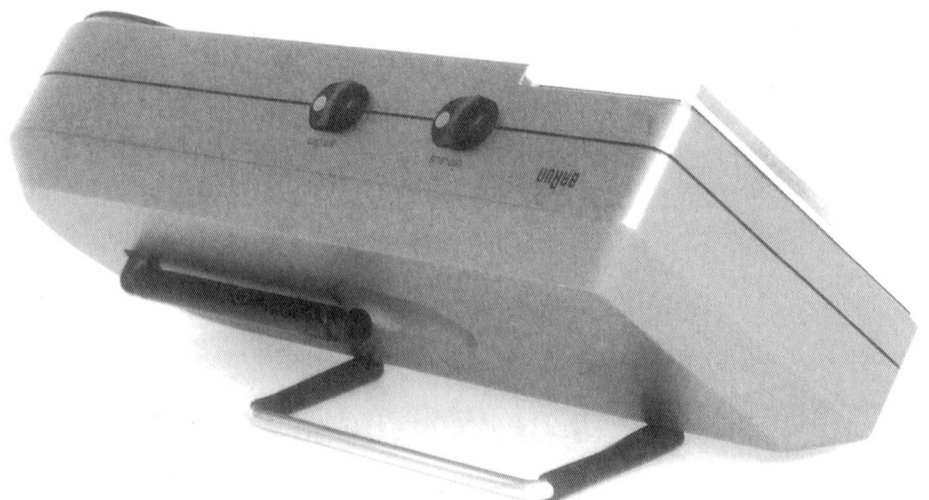

lich in vielen Punkten technisch überholt – könnte aber mit ihrem Grundkonzept und ihrem Design immer noch eine eindrucksvolle Alternative sein.

Die Abbildungen auf den Seiten 109 und 110 zeigen zwei Studien zum Thema ‚Weltempfänger'. Mit dem T 1000 von 1963 hatte Braun den Gerätetyp des portablen Hochleistungsempfängers und auch den Namen Weltempfänger geschaffen. Jahre später entstand ein Entwurf für ein Gerät (Seite 109) mit integriertem Lautsprecher für Sprache und einem oder zwei zusätzlichen, getrennten Lautsprechern für eine wesentlich verbesserte Musikwiedergabe. Statt eines Metallgehäuses, wie es der T 1000 hatte, war hier ein zweischaliges Kunststoffgehäuse vorgesehen. Eine weitere, spätere Studie (Seite 110) nutzt die inzwischen fortgeschrittene Miniaturisierung der Mikroelektronik und entwirft einen leistungsstarken Weltempfänger mit den Abmessungen früherer Taschenempfänger.

Am Rand des breiten Spektrums der nicht verwirklichten Studien und externen Arbeiten der Designabteilung steht der Entwurf einer großen Uhr für einen der Plätze in jener Stadt, in der Braun gegründet wurde: Frankfurt. Die schlanke Stele mit dreieckigem Querschnitt hat oben eine Abschrägung. Sie macht die Grundform sichtbar und nimmt zugleich die Solarzellen auf.

naturally technically outdated in many aspects, but it is impressive nonetheless.

The images on pages 109 and 110 show two studies for the 'world receiver'. With the T 1000 from 1963, Braun created the definitive high-performance portable radio receiver as well as the name 'world receiver'. Years later we developed another study for an appliance (p.109) that had an integrated loudspeaker for voice and one, or two, additional speakers for considerably improved music reproduction quality. Here, instead of the T 1000 metal housing, a double shelled plastic housing was planned. A further study later on (p.110) used the more advanced miniaturisation of microelectronics to develop a higher-performance world receiver that was the size of the earlier pocket receivers.

Another, less known, example of our unrealised studies and external projects was that of a civic clock, which was to be erected in one of Frankfurt's town squares. The slim central column with a triangular cross-section had a slanting top, which helped emphasise the form and provided a surface for solar panels.

Studie Tischsuper, analog zu RT 20 (1961) (Seite 29)
Study forTischsuper (1961) similar to RT 20 (page 29)

Studie Uhr für öffentlichen Platz (1988)
Study for a clock for a public square (1988)

Studie gasbetriebene Taschenlampe   *Study for a gas-powered flashlight*

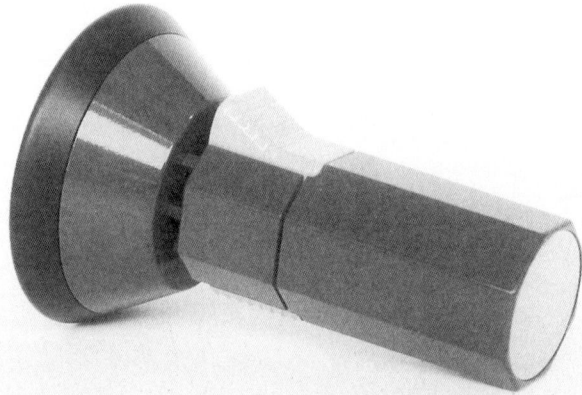

In den Jahren nach 1940 stellte Braun eine Taschenlampe her, bei der man den Strom selber erzeugte, indem man einen eingebauten Dynamo mit einer großen Drucktaste in Bewegung setzte. Viele Jahre später untersuchten wir die Möglichkeit einer batterielosen Taschenlampe, die mit einer noch ungewöhnlicheren Technologie arbeitet. Sie sollte – ähnlich wie die innovativen und erfolgreichen Braun Gaslockenstäbe – mit Butankartuschen betrieben werden. Als Leuchtmittel war eine moderne Version des Glühstrumpfs vorgesehen.

Und auch bei der Studie für eine kompakte Tischleuchte (Seite 113 oben) ging es um Energieeffizienz und neue Technologien. Als

During the years following 1940, Braun produced a torch with user-generated electricity to power it. By operating a large button you could set the dynamo in motion. Many years later we investigated the idea of a batteryless torch again with much more unusual technology. This version was to be powered in a similar manner to the gas-fuelled Braun hair curling tongs – with butane cartridges. The light source was to be a modern version of the gas mantle.

The study for the compact desk lamp (p. 113 top) was also concerned with energy efficiency and new technologies. The light source for this was to be the energy-saving cold light bulb that had recently been developed.

Leuchtmittel sollten die damals neu entwickelten Kaltlicht-Sparlampen eingesetzt werden.

Immer wieder haben wir an Entwürfen für Radio-Uhr-Kombinationen gearbeitet. Zwei der Studien sind auf der Seite 103 zu sehen, eine dritte auf Seite 113. Hier sind Uhr und Radio als getrennte Module konzipiert. Sie

We worked again and again on designs for clock-radio combinations. Two of these studies are pictured on page 103 and a third on page 113. In this case the clock and radio were concieved as separate modules connected by a fastener. In anticipation of

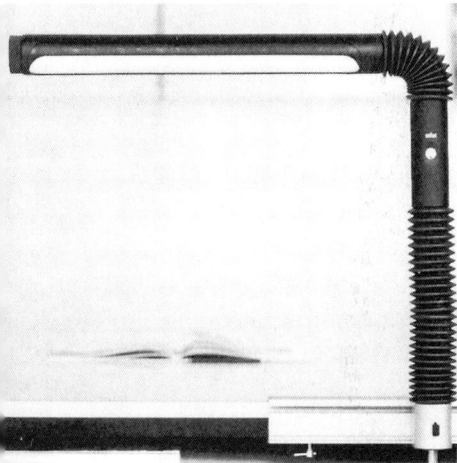

Studie Tischleuchte mit flexibler horizontaler Tischbefestigung (1976)
Design study for a table lamp with flexible horizontal table fixing (1976)

Studie Tischleuchte für Kaltlicht-Sparlampe (1975)

Study for a table lamp for energy saving light bulbs (1975)

Studie Radio-Digitaluhr Kombination (1974)

Study for a digital radio-clock combination (1974)

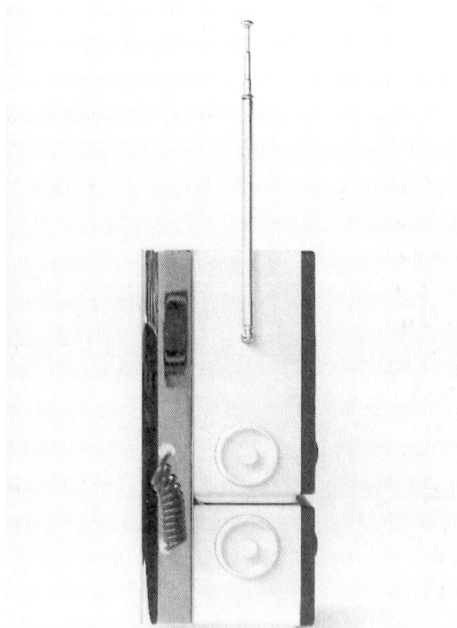

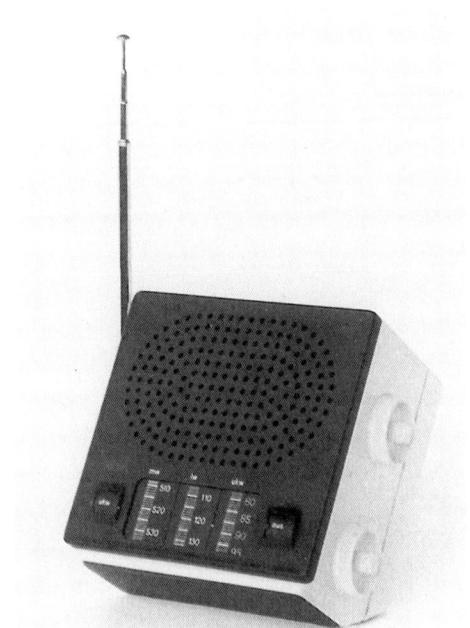

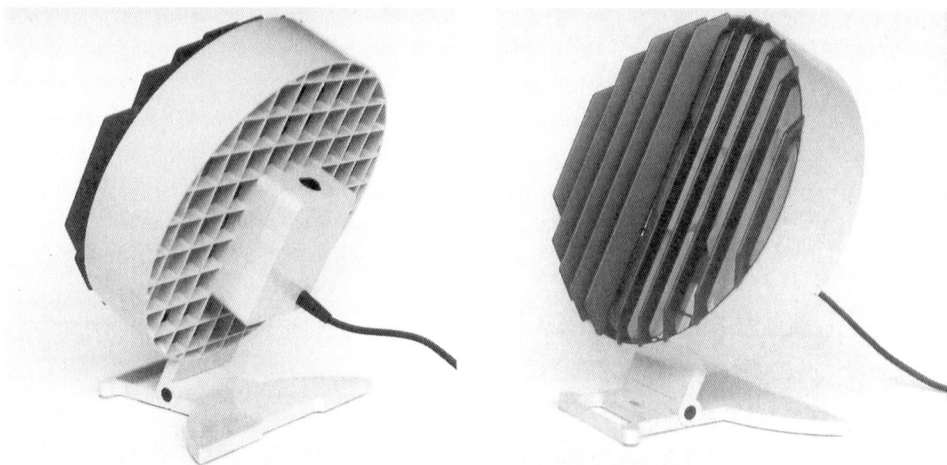

Erste Kosmetikstudie zur Ergänzung des Braun Trockenrasierers

First study for cosmetics to complement the Braun shaver

werden durch eine Halterung verbunden. Für die Darstellung der Ziffern wurde – im Vorgriff auf die spätere technische Entwicklung – an ein LED-Punktraster-Feld gedacht. Die Uhr-Radio-Kombination ließ sich auch an der Wand platzieren.

Schon seit Ende der 1950er-Jahre stellte Braun übrigens Heizlüfter her. Der erste war der kompakte H 1 mit walzenförmigen Tangentialgebläse. Später entstanden auch Geräte mit traditionellem Radialgebläse. Die Studie oben zeigt einen Lüfter, dessen Lamellen so angeordnet sind, dass sie den Luftstrom auch zu den Seiten lenken. Eine Mechanik, die das Gerät hin und her bewegt, ist nicht mehr nötig.

later technical developments, the digit display was designed like an LED dot matrix field. This clock-radio combination could also be wall-mounted.

From the 1950s onwards, Braun also manufactured fan heaters. The first was the compact model H 1 with a cylindrical tangential fan. Later Braun also produced heaters with traditional radial fans. The study above shows a fan whose lamellae are arranged so that the air current can also be directed to the side, thus rendering a mechanism for side-to-side movement of the whole fan unnecessary.

Lufthansa

In den Jahren 1983 bis 1984 entwickelten wir im Auftrag der Lufthansa Entwürfe für ein Bordgeschirr. Wir standen dabei im Wettbewerb mit einem anderen Designer (Wolf Karnagel), für dessen Entwurf sich die Lufthansa schließlich entschied. Ein Bordgeschirr hat eine Vielzahl von Anforderungen zu erfüllen. So kommt es entscheidend auf geringes Gewicht an. Das Geschirr sollte differenziert sein, entsprechend den damals noch drei Klassen in den Flugzeugen. Auch die Kosten spielten eine große Rolle. Wir entwickelten ein Geschirr, bei dem die funktionale Qualität betont war. Die Ausführung für die drei Klassen

Between 1983 and 1984 Lufthansa commissioned us to develop designs for new on-board tableware. For this we competed with another designer (Wolf Karnagel), who eventually won the commission. The on-board tableware had a number of requirements to fulfil: minimal weight was critical, three clearly distinguished sets for the three different classes on board and, cost minimisation. We developed a range of tableware that stressed functionality, and the versions for the three classes were very homogenous. During our work we came up with a number of innovative solutions.

waren sehr gleichartig. Bei der Arbeit entstand eine Reihe von innovativen Lösungen. Zum Beispiel schlugen wir für die Tassen einen Kunststoffgriff vor, der mittels chemischer Verbindung adaptiert wird – eine Technologie, die wir für Kaffeemaschinenkannen untersucht hatten. Die Vorteile: Der Griff wird nicht heiß, die Fertigung des Tassenkörpers ist kostengünstiger, die Tasse insgesamt leichter.

For example, we proposed synthetic handles for the cups, which were chemically welded to the porcelain – a technology that we had explored for our coffee makers. The advantages were that the handle did not get hot, the manufacture of the cup body was cheaper and the cup as a whole was lighter.

Entwürfe für Unternehmen, die zum Gillette Konzern gehören

1974 entstanden Entwürfe für ein Schreibgeräte-Programm. Auftraggeber war Paper Mate, ein Unternehmen der Gillette-Gruppe, das seit Längerem Schreibgeräte herstellt. Zwei Versionen wurden ausgearbeitet. Sie unterschieden sich in der Bedienmechanik. Bei der ersten Version werden die Minen durch Drücken vorgeschoben, bei der anderen durch Drehen eines geriffelten Mittelteils. Ein neuartiger Verschlussmechanismus in der Spitze schützte den Faserschreiber vor dem Austrocknen. Mit besonderer Aufmerksamkeit wurden die Clips gestaltet. Bei der Version mit Druckmechanik konnten sie abgezogen werden. Bei der zweiten Version lagen sie eng an und ließen sich mit Federdruck abspreizen.

Design Studies for Companies Belonging to the Gillette Group

In 1974 we did some designs for a set of writing implements commissioned by Paper Mate, a company belonging to the Gillette group, that has manufactured writing implements for many years. Two versions were developed, which differed in their operating mechanism. In the first version the pencil leads were pushed forward using pressure, in the second by turning a ridged central element. A new kind of sealing mechanism at its tip protected the felt-tip pen from drying out. Particular attention was paid to the clips, which were removable in the version with the pressure mechanism. In the second version they were almost flush with the pen body and could be opened with spring pressure.

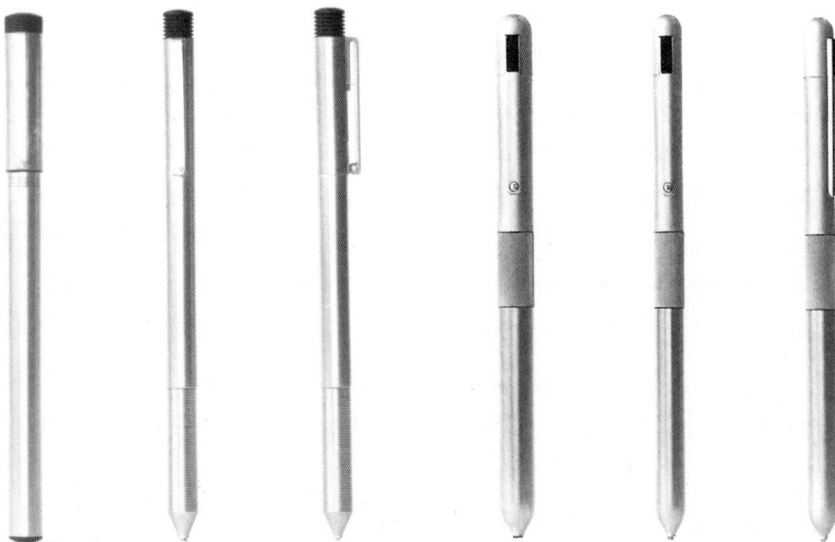

Zwar arbeitete das Braun Designteam in allererster Linie für Braun – aber nicht ausschließlich. Es konnte in begrenztem Umfang Aufträge von außerhalb annehmen. So entstand im Laufe der Jahre eine Reihe von Entwürfen für Schwesterunternehmen von Braun im Gillette Konzern, Jafra und Oral-B, aber auch für andere Unternehmen wie die Hoechst AG oder Siemens.

The Braun design team worked first and foremost for Braun, but not exclusively. It was able to take on a limited number of external commissions as well. Thus, over the years, a number of designs were developed for Braun's sister companies within the Gillette corporation including Jafra and Oral-B as well as other companies such as Hoechst AG and Siemens.

Produktgestaltung des Jafra Kosmetik-
programms (1992)
Designs for Jafra cosmetics (1992)

Ein besonders interessantes, anspruchsvolles und erfolgreiches Projekt war die Entwicklung der Verpackungen und, darauf aufbauend, eines Corporate Design für Jafra. Das kalifornische Unternehmen stellt hochwertige, hautfreundliche Kosmetika her und plante, seine Produkte weltweit anzubieten. Das Packungsdesign erfolgte auf der Grundlage eingehender Studien und Konkurrenzanalysen. Entscheidend aber war, dass hier die Prinzipien des Braun Design ohne Einschränkung in einem Bereich eingesetzt wurden, der üblicherweise von modischer, buchstäblich kosmetischer Gestaltung beherrscht wird. Wir entwickelten für Jafra ein elegantes, den Produkten entsprechendes, für Frauen attraktives, zeitgemäßes und ganz eigenständiges Packungsdesign aus derselben Grund-

An especially interesting, demanding and successful project was the development of a packaging and corporate design concept for Jafra. This California-based company manufactures high-quality, skin-friendly cosmetics and was planning a worldwide expansion of their market at the time. Our packaging design resulted from exhaustive studies and competition analysis. The decisive factor was that Braun design principles could be implemented without limitation in an area that is usually governed by fashionable, literally 'cosmetic', design. We developed an elegant, product-relevant, contemporary and completely self-contained packaging design for Jafra that also appealed to women. It came from the same basic principles and the same spirit that governed the design of Braun's technical appliances.

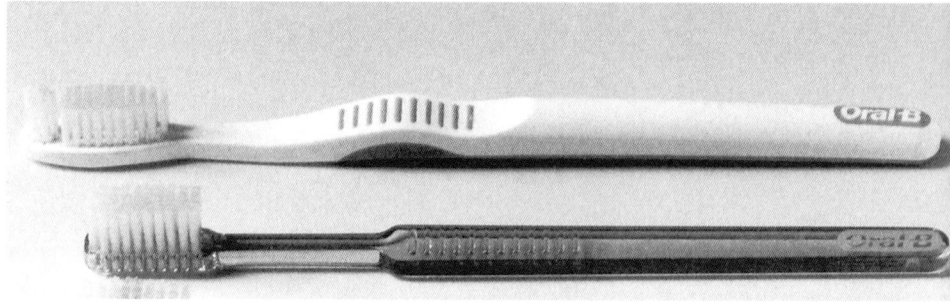

Zahnbürsten für Oral-B
Toothbrushes for Oral-B

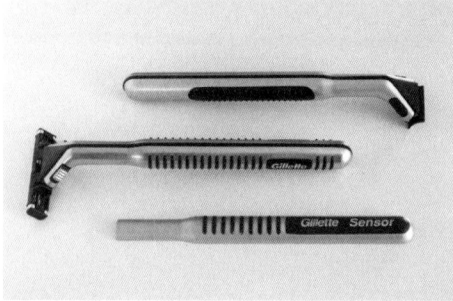

Nassrasierer Gillette sensor
Gillette sensor razor

haltung, aus demselben Geist heraus wie das Design der technischen Gebrauchsgeräte, die Braun herstellt.

Die Zahnbürsten sind Produkte von Oral-B, einem bedeutenden Hersteller von Zahnpflegeprodukten und wie Jafra ein Unternehmen, das zu Gillette gehört. Die Hauptaufgabe für das Design ist bei Zahnbürsten naturgemäß die ergonomische Gestaltung des Griffs. Man soll die Bürste möglichst leicht und sicher halten und führen können. Wir setzen hier eine Verbindung von weichem und hartem Kunststoff ein, wie sie von uns vor Jahren für die Gehäuse der Braun Rasierer entwickelt wurde. Die beiden Materialien werden im selben Spritzvorgang miteinander verbunden.

Entwürfe für einige Unternehmen, die Braun nahe stehen

Für die Hoechst AG gestalteten wir ein Gerät, mit dem Diabetiker sich selbst Insulin injizieren können. Eine Elektronik ermöglicht, die Dosis ganz genau einzustellen. Unsere Aufgabe war, ein handliches, kompaktes, leicht bedienbares Gerät für den täglichen Gebrauch zu entwickeln. Wir entschieden uns für einen einfachen Stab mit ovalem Querschnitt.

The toothbrushes are products for Oral-B, an important manufacturer of dental care products that, like Jafra, was a company belonging to Gillette.

The main task with the toothbrushes was the natural and ergonomic design of the grip. You should be able to hold the brush as lightly and securely as possible. To achieve this we used a combination of soft and hard plastics that we had developed years before for the casings of Braun shavers. The two materials were combined within the same injection process.

Design for Companies Associated with Braun

For Hoechst AG we designed a device for diabetics to inject their own insulin. An electronic component allowed exact calibration of the dose. Our task was to develop a handy, compact, easy-to-use device for daily use. We decided upon a simple pen shape with an oval cross-section.

Injektionsgerät für die Hoechst AG
Injection device commissioned by Hoechst AG

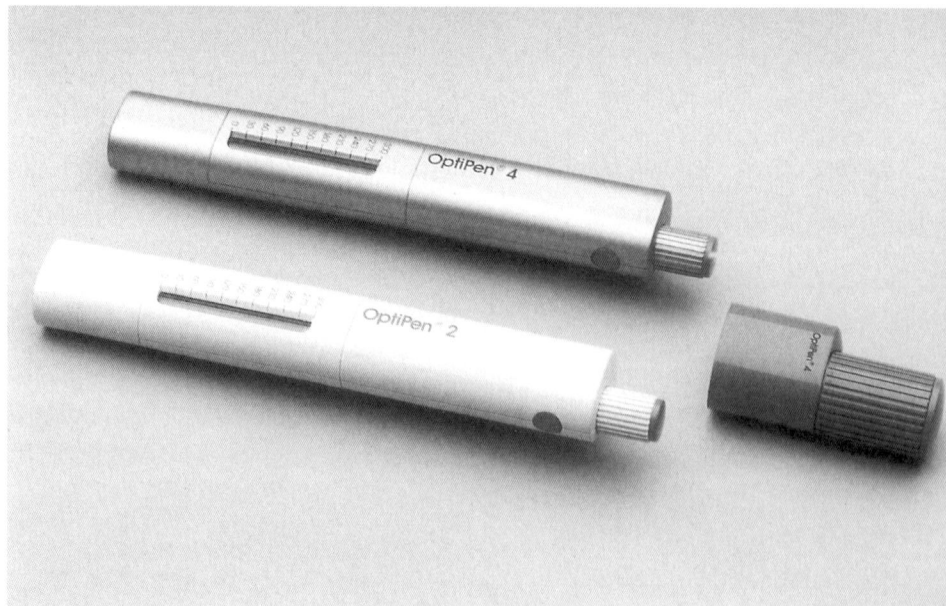

Die Unterseite besteht aus weichem und deshalb besonders griffigem Kunststoff. Die Oberseite aus hartem Kunststoff hat eine ausgeprägte Daumenmulde mit einer Reihe von Rippen aus weichem Material, die nach oben durchdringen.

The underside was made of soft, and therefore particularly easy to grip, plastic. The upper side was hard plastic with a distinct thumb-shaped depression that had raised ribs made of softer material.

Telefon für Siemens
Telephone for Siemens

Bei dem Telefon für Siemens war die Technik vorgegeben – und der Gestaltungsspielraum damit begrenzt. Wir konzentrierten uns auf die übersichtliche Gestaltung des Bedienfeldes und schlugen eine schräge Ablage für den Hörer vor. Bei dieser innovativen Lösung kann man den Hörer mit der Linken abnehmen, ohne die Hand zu verdrehen.

In the case of the Siemens telephone, we had to work with existing technology, which limited the design possibilities. We concentrated on a clearly arranged control panel and suggested an angled position for the handset. This innovative solution allows you to pick up the handset with your left hand without having to twist it.

Lehre

Teaching

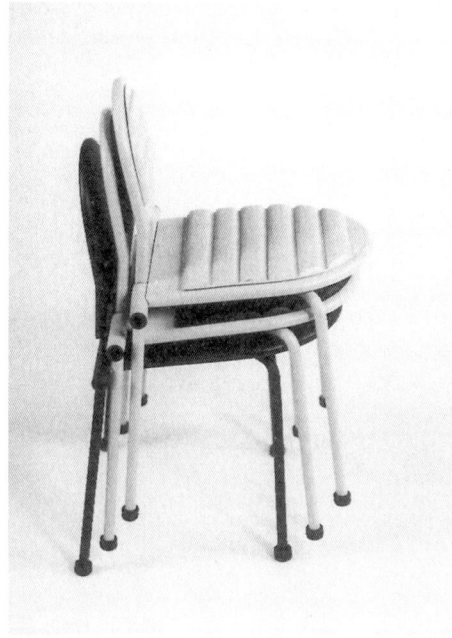

Die Abbildungen auf den folgenden Seiten zeigen Arbeiten von Studenten aus den Jahren 1981–1993.
Oben: Stuhl-Entwurf (Angela Knoop)

Images on the following pages show works by design students between 1981 and 1993.
Above: Chair design (Angela Knoop)

Von 1981 bis zu meiner Emeritierung 1997 lehrte ich neben meiner Arbeit als Leiter der Designabteilung von Braun Design an der Hochschule der bildenden Künste in Hamburg. Ich sah meine Aufgabe in Hamburg als Chance und Verpflichtung. Gutes Design beginnt mit der Ausbildung von guten Designern.

Die Qualität der Designausbildung in Deutschschland empfand ich zuletzt als fragwürdig. Ein Hauptgrund: Die Vielzahl der Schulen. Die meisten haben nicht die Möglichkeit, Industrie-Designer so auszubilden, dass sie den hohen und komplexen Anforderungen der Praxis heute und morgen entsprechen. Die Arbeiten meiner Studentinnen und Studenten, von denen ich hier nur einige wenige Beispiele zeigen möchte, sind nicht meine Entwürfe – so wenig wie die vielen Produkte, die von den Designern meines Teams bei Braun gestaltet wurden. Sie gehören dennoch in den Kontext meiner Arbeit. Ich habe oft Anstöße gegeben, die Entwürfe als Betreuer begleitet – und akzeptiert.

From 1981 until my emeritus status in 1997, I taught at the Hamburg University of Fine Arts alongside my job as head of the design department at Braun. I viewed my work in Hamburg as both an opportunity and a duty. Good design begins with the education of good designers.

I find the quality of design teaching in Germany to be questionable to say the least. The main reason for this is the abundance of colleges. Most of them are not able to educate industrial designers to meet the high level of complex requirements needed in practice today and for the future. The works of my students, a few of which I would like to show here, are not my designs, just as the many products designed by my team at Braun are not mine either. They belong nevertheless within the context of my work. I often nudged the designs along, accompanied their development as an advisor, and approved the final results.

Der Entwurf eines Stuhles für die Aula der Hochschule für bildende Künste etwa entstand im Rahmen eines internen Wettbewerbs. Der Aufgabe entsprechend lässt er sich stapeln und reihen. Die wichtigste Forderung war, dass der Stuhl von Hamburger Handwerksbetrieben hergestellt werden konnte. Seine Konstruktion ist deshalb produktionstechnisch sehr einfach: Gebogenes Stahlrohr.

The design of a chair for the auditorium of the University of Fine Arts, for example, came out of an internal competition. As the assignment required, it can be stacked and arranged in rows. The most important requirement was that the chair be capable of being manufactured by Hamburg handcraft companies. In terms of technical production, the construction is therefore very simple: bent steel tubing.

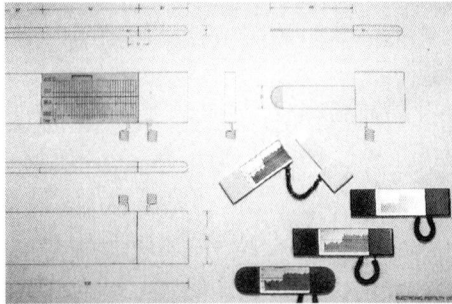

Entwurf eines Thermometers für die Empfängnisverhütung nach der Knaus-Ogino-Methode. Ein LCD-Display zeigt die Temperaturmessungen im Ablauf eines Monats. (Angela Knoop)

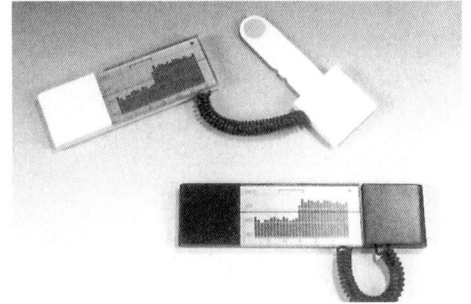

Design for a thermometer for the Knaus-Ogino contraception method. A LCD display shows the temperatures taken during the course of one month. (Angela Knoop)

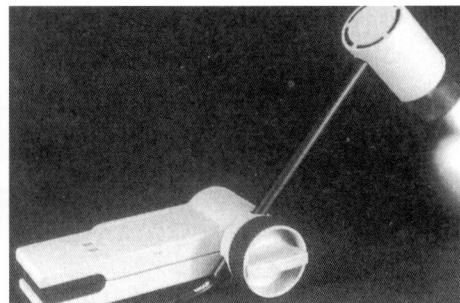

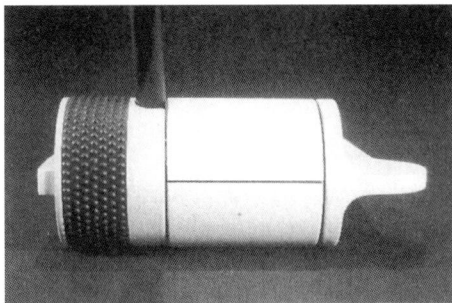

Entwurf Foto-Klemmleuchte (Angela Knoop)

Photo clamping lamp design (Angela Knoop)

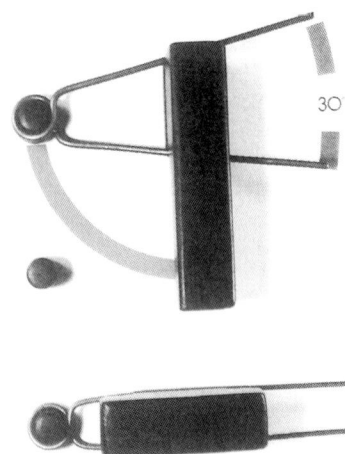

Fotoklemmleuchte – Funktionsmodell
Photo clamping lamp – functional model

Grundlage für den Entwurf der Klemmlampe waren Untersuchungen zur Mechanik der Klemme. Die Lösung – eine Klemme, die mit einem Hebel und deshalb sehr leicht zu öffnen ist – wurde mit Funktionsmustern untersucht und optimiert.

Die konzeptionelle Idee der Halogen-Schreibtischleuchte (Seite 122) ist die variable Befestigung mit einer Schiene an der Rückseite des Tischs. Die Leuchte kann also in der Horizontalen verschoben werden.

The basis for the design of the clamping lamp came from investigations into the mechanics of clamps. The solution – a clamp that was very easy to open, thanks to a lever – was explored and optimised by making functional models.

The conceptual idea behind the halogen desk lamp (p. 122) is the variable attachment, which uses a track at the back of the table. This allows the lamp to be moved around horizontally.

Entwurf Halogen-Schreibtischleuchte
(Andreas Hackbarth)
Design for a halogen desk lamp
(Andreas Hackbarth)

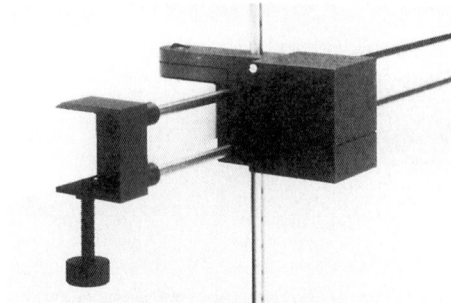

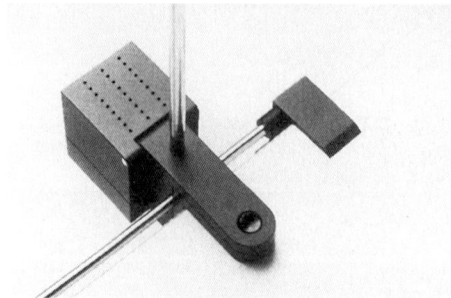

Bei der Thermosflasche (Seite 123) über-raschte – und überzeugte – die Idee, den Körper aus zwei Zylindern statt wie allgemein üblich aus einem einzigen zu bilden. Der Dop-pelzylinder wirkt trotz seines Fassungsvermö-gens von einem Liter kompakt und er lässt sich sehr viel besser greifen. Nicht zuletzt ist er auch leichter zu transportieren. Man kann an der Flasche einen Trageriemen befestigen. Sie lässt sich umhängen oder – mit dem Riemen als Henkel – in der Hand tragen.

Eine sehr sinnvolle Ergänzung ist der Zwei-kammerbehälter, der oben aufgesteckt wird und Getränkezusätze wie Milch, Zitrone oder Zucker aufnimmt.

The thermos flask (p. 123) both surprised and convinced with the idea of making the body out of two cylinders instead of one, as is normally the case. The double cylinder ap-pears compact despite its one litre capacity and is much easier to hold. It is also easier to transport. The bottle can be attached to a carrying strap and thus hung over the shoul-der or, by using the strap as a handle, carried in the hand.

One of its most sensible improvements is the two-chambered container that can be affixed to the top and can hold extras such as milk, sugar or lemon.

Bei dem Entwurf eines Waschsalons steht die ökologische Gestaltung des gesamten Prozesses im Mittelpunkt. Waschen soll hier mit einem Minimum an Energie, Waschmittel und Wasser möglich sein. Eine Wäschewaage mit Computer errechnet für jeden Kunden das optimale Programm für das Waschen, Trocknen und Bügeln. Es wird auf Magnetkarte gespeichert und dosiert jeweils Dauer,

The ecological design of the entire washing process is central to this design of a launderette. Here, washing should consume as little energy, detergent and water as possible. A computer-controlled scale for weighing the laundry calculates the optimal programme for washing, drying and ironing for each customer. This calculation is then stored on a

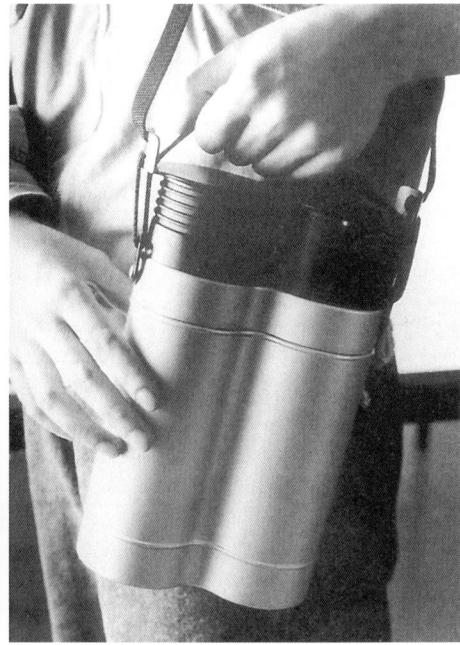

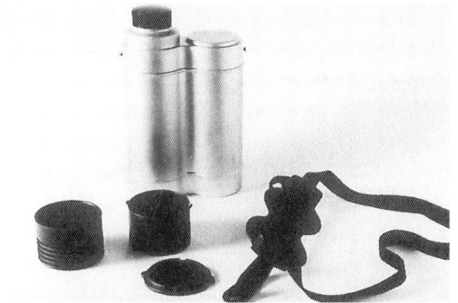

Entwurf Isolierflasche (Maja Gorges)

Design of a thermos flask (Maja Gorges)

Temperatur, Waschmittel oder Wassermenge. Die Anlage hat einen geschlossenen Wasserkreislauf. Im oberen Bereich ist die Kläranlage untergebracht, die das Waschwasser immer wieder reinigt und aufbereitet. Die Waschmaschinen und alle weiteren Kom-

magnetic card, which controls time, temperature, detergent dose or water quantity. The laundry facility has a closed water system that cleans and prepares the water again and again. The washing machines, along with all of the other system components, are

Entwurf Waschsalon mit Wäschewaagen-Terminal und Wasseraufbereitung (Peter Eckart, Jochen Henkels)
Design of a launderette with weighing terminal and water recycling system (Peter Eckard, Jochen Henkels)

ponenten des Systems sind auf einfache, funktionale, modulare Weise gestaltet. Aus den Modulen können Waschsalons unterschiedlicher Größen und Konfigurationen aufgebaut werden.

Der Entwurf auf Seite 124 zeigt ein Elektrofahrrad. Es ging hier darum, den Gebrauchswert des Fahrrads deutlich zu erhöhen – durch Antriebsunterstützung, durch eine verbesserte Gepäckaufnahme und einen wirksamen Regenschutz. Das Rad hat einen elektrischen Hilfsantrieb im Vorderrad. Der Rahmen besteht aus Kohlefaser. Ein Gepäckfach ist integriert, das von einem großen, stabilen Gepäckträger ergänzt wird. Im Lenker kann ein ausrollbares Regencape kompakt verstaut werden.

designed in a simple, functional and modular way, allowing for the construction of launderettes of varying sizes and configurations.

The design on page 124 shows an electric bicycle. The aim here was to significantly upgrade the intrinsic value of an ordinary bicycle by augmenting the drive, improving luggage carrying and providing effective rain protection. The bike has an electrically powered auxiliary drive in the front wheel. The frame is carbon fibre. The integrated luggage holder is extended with a large, stable luggage rack and a large foldout rain cape is stowed compactly in the handlebar.

Rechts: Entwurf des Terminals für den Waschsalon (Seite 123) mit Wäschewaage und Zahleinheit (Detail)
Right: Design for the laundry terminal (page 123) with scales and pay unit (detail)

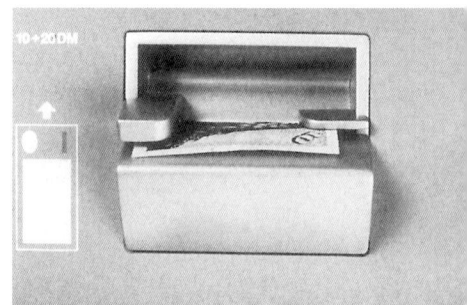

Entwurf Elektrofahrrad (Mathias Seiler, Gerd Schmieta, Hilmar Jaedicke)
Electric bicycle design (Mathias Seiler, Gerd Schmieta, Hilmar Jaedicke)

Einen leichten, beweglichen, zusammenklapp-
baren Kinderwagen zeigt der Entwurf auf den
Seiten 125 und 126. Er hat zwischen den
Achsen einen großen Lastkasten, eine sehr
sinnvolle Ergänzung. Die Zuladung kann mit
einem Netz gesichert werden – der Wagen
lässt sich dann zusammen- und wieder auf-
klappen, ohne dass man umladen muss.
Dabei ist das Zusammenklappen besonders
einfach: Man zieht den Lastkasten mit einem
Handgriff (oder dem Fuß) nach oben unter
den Sitz. Zusammengeklappt lässt sich der
Wagen dann wie eine Sackkarre bewegen,
wichtig z.B. um Treppen zu überwinden oder
in öffentliche Verkehrsmittel einzusteigen. Mit

Images on pages 125 and 126 show a design for a light, mobile, foldable child's buggy.
It has a large luggage box between the axles,
which is a very sensible improvement. Its con-
tents can be secured with a net – the buggy
can then be folded and opened again without
having to unload it first. The folding procedure
is particularly simple – you pull the luggage
box with one hand (or a foot) up under the
seat. Once folded, the buggy can then be
moved around like a sack barrow, which is important for dealing with stairs or getting into
public transport. With an axial dimension of

einem Achsmaß von 58 Zentimetern passt er
gut durch die Türen von Bussen und Bahnen.
Der Sitz ist sehr hoch positioniert, damit das
Kind ein Stück weit aus dem Abgasbereich
herauskommt.

58 centimetres it fits easily through bus
and train doors. The seat is elevated so that
the child stays above car exhaust pipe level.

Entwurf Kinderwagen (Cosima Striepe)
Design for a baby buggy (Cosima Striepe)

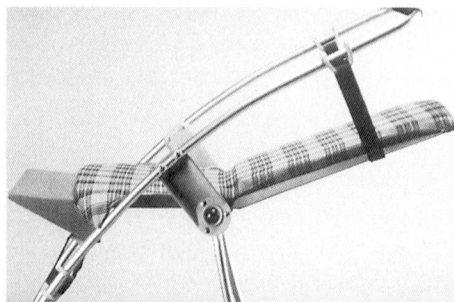

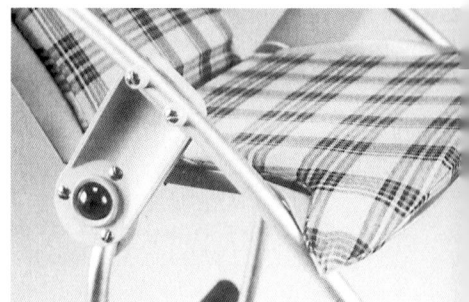

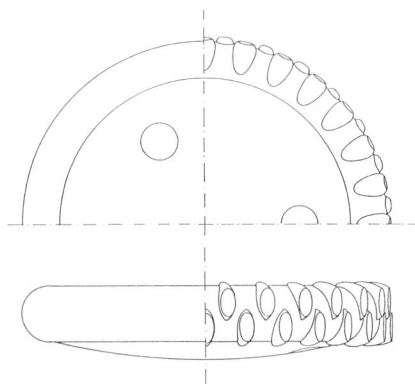

Eine von mehreren Möglichkeiten, den öffentlichen Personennahverkehr attraktiver zu machen, ist die bessere Gestaltung der Haltestellen. Sie sollen mehr Komfort, Information und Sicherheit bieten. Der Entwurf auf Seite 126 sieht ein Baukastensystem vor, mit dem sich Haltestellen unterschiedlicher Größe und Ausstattung aufbauen lassen. Die Wände bestehen aus Stahlprofilen mit Verglasung, bieten also den aus Sicherheitsgründen wichtigen Einblick. Das Dach soll aus Aluminium und Kunststoff gefertigt werden. Auf einem horizontalen, durchlaufenden Alu-Profil sind sämtliche Ausstattungskomponenten montiert - Klappsitze, Stehhilfen, Telefon, Notruf, Fahrkartenautomat, aber auch ein interaktives Informationsterminal. Es ist mit einem zentralen Computer verbunden und unterrichtet die Fahrgäste über die Verkehrssituation oder gibt Fahrplanauskünfte.

One of the many ways to improve public transport is to design better bus stops. They should offer more comfort, information and safety. The design on page 126 envisages a new modular system for bus stops of various sizes and constellations. Made of steel profiles and glass, the walls provide visibility, which is important for safety. The roof is of aluminium and plastic. All the necessary components, such as folding seats, supports, telephone, emergency button, ticket machine and an interactive information terminal are mounted on a continuous, horizontal aluminium profile. The bus stop is connected to a central computer that informs travellers about the current traffic situation or provides travel directions.

Entwurf Haltestelle für den öffentlichen Personennahverkehr (Björn Kling)
Design for a bus/train stop for public transport (Björn Kling)

*Entwurf interaktives Informationsterminal und
Klappsitz für Haltestellen des öffentlichen
Personennahverkehrs (Björn Kling)
Design for an interactive information terminal
and folding chairs for public transport
(Björn Kling)*

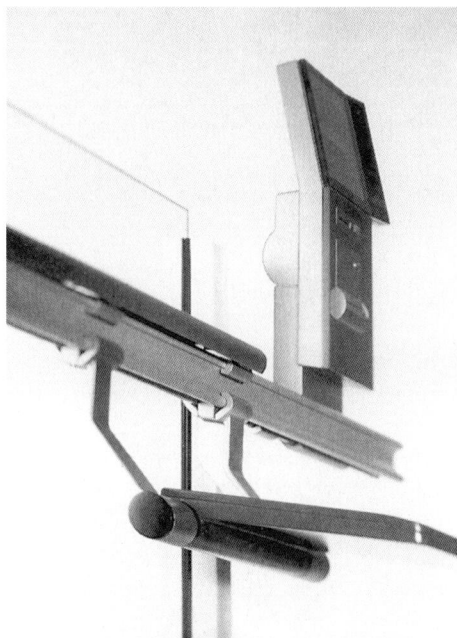

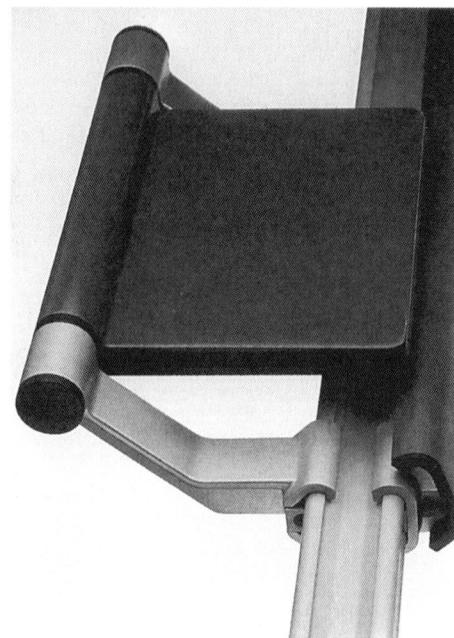

Der Entwurf eines Fahrradergonometers
(Seite 125) stellt ein Gerät vor, dessen Funk-
tionsweise durch das Design verdeutlicht
wird: Sein Zentrum ist die große Schwung-
scheibe, die sich sichtbar dreht. Auf ihr sitzt,
durch Form und Farbe betont, die Bremsein-
heit. Sattel und Lenker lassen sich von der
Sitzposition aus und ohne Werkzeug genau
auf den Benutzer und die jeweilige Trainings-
haltung einstellen.

The design of an exercise bicycle (page 125)
shows a model whose function is indicated by
its design – you can see the large central
flywheel turning. The electro-mechanical unit
sits above, accentuated through form and
colour. The saddle and handlebars can be ad-
justed from the sitting position to fit users and
their training position exactly, without any
additional tools.

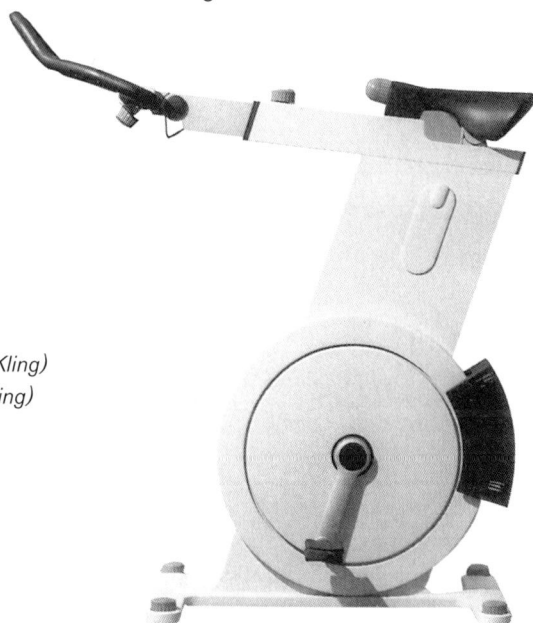

*Entwurf Fahrradergonometer (Björn Kling)
Design for an exercise bike (Björn Kling)*

Architektur   Architecture

Distributionszentrum der Braun AG
in Altfeld (1994)
Braun distribution centre in Altfeld (1994)

Das Designteam war in die Gestaltung der Bauten von Braun voll einbezogen, beriet, unterstützte, machte konkrete Vorschläge für die Gesamtgestaltung und die Innenbereiche. Es gehörte zu unseren Aufgaben, auf einen übereinstimmenden, dem Geist des Unternehmens entsprechenden Auftritt zu achten – auf das also, was man heute Corporate Design nennt.

Das Braun Distributionszentrum in Altfeld, das 1994 in Betrieb genommen wurde, ist ein Beispiel. Ein modernes Distributionszentrum ist in erster Linie eine technische Aufgabe. Es verbindet ein großes Hochregallager,

The design team at Braun was fully involved in of the design the company's buildings as well. It advised, supported and made concrete proposals for the overall design and the interior areas. It was part of our mandate to concern ourselves with a comprehensive appearance that reflected the company's spirit – in short to pay attention to what is now called Corporate Design.

The Braun distribution centre in Altfeld, which came into operation in 1994, is a good example. The design of modern distribution centre is primarily a technical challenge. The centre

einen Kommissionierungsbereich und den Warenein- und -ausgang. Für die vom Braun Designteam unterstützte Architektur war es eine Hauptaufgabe, den mächtigen Baukörper des Hochregallagers so zu gestalten, dass er sich gut in die Landschaft integriert, aber zugleich auch den besonderen Anspruch der Marke Braun vermittelt.

Das Hochregallager wurde hangseitig so weit als möglich in den Boden eingelassen. Seine Fassade zeigt ein helles, mattes, metallisches Grau, das gut mit den hellen Blau- und Grautönen des Himmels harmoniert. Das vorgelagerte, niedrige Distributionsgebäude ist weiß und setzt sich damit auf ansprechende Weise ab.

Für das Verwaltungsgebäude in Kronberg, das 1979 bezogen wurde und den zehn Jahre zuvor errichteten Gebäudekomplex der Braun Hauptverwaltung ergänzt, wurde eine dunkelgraue Fassade gewählt. Der Bau hat eine differenzierte Gliederung und wirkt zugleich ruhig und geschlossen.

combines a large storage facility, a consignment area and the entrance and exit areas for goods. The main architectural task, supported by the Braun design team, was to design the vast building volume in such a way as to integrate well into the landscape, but at the same time to communicate the special standards of the Braun brand.

The storage facility was recessed into the ground as far as possible on the sloping site. The façade is a light, matt, metallic grey that harmonises well with the blues and greys of the sky. The flatter, low-rise distribution centre set in front is a contrasting white colour.

The administration building in Kronberg, completed in 1979, has a dark grey façade, which complements the Braun headquarters building complex built ten years previously. The building has a sophisticated structure and appears both calm and self-contained.

Verwaltungsgebäude der Braun AG in Kronberg (1979)

Braun administration building in Kronberg (1979)

FSB

1985 lud FSB, Franz Schneider Brakel, ein führender Hersteller von Beschlägen, einen Kreis angesehener Gestalter aus aller Welt zu einem Wettbewerb ein. Die Entwürfe der Beschläge – es waren in erster Linie Türklinken, -griffe und -knöpfe – wurden im Herbst 1986 bei einem Workshop vorgestellt. Einige der Entwürfe nahm FSB ins Programm auf, darunter auch zwei von mir gestaltete Türklinken. Mir ging es darum, Klinken zu gestalten, die so einfach wie irgend möglich sind. Unsere Lebensumgebung ist heute komplex und vielgestaltig genug. Ich habe immer versucht, diesem Chaos entgegenzuwirken.

In 1985 a leading fittings manufacturer FSB, Franz Schneider Brakel, invited a group of renowned designers from all over the world to a competition. The resulting fitting designs – primarily door handles, knobs and pulls – were then shown at a workshop in autumn 1986. FSB put some of the designs into production, including two door handles that I designed. My aim was to design handles that were as simple as possible. Our living environment today is complex and polymorphic enough. I have always striven to counteract this chaos.

Präsentation der Ergebnisse des Wettbewerbs
von FSB für Otl Aicher in Rotis
Presentation the results of the FSB competition
to Otl Aicher in Rotis

Trotz ihrer Einfachheit lassen sich beide Türklinken mit den leicht gewölbten Seitenflächen gut greifen. Das Design der Serie rgs 2 basiert auf einer Gemeinschaftsarbeit zwischen meiner damaligen Studentin Angela Knoop und mir. Die Grundform des Modells rgs 2 ist dann im Detail weiterentwickelt worden, bis hin zur Variante rgs 3. Ich denke, die beiden Griffe sind immer noch Beispiel für die These ‚Greifen und Griffe'.

Wie bei rgs 1 bestehen die tragenden Teile sowie die Sichtflächen der Modelle rgs 2/ rgs 3 aus Aluguss, die Griffflächen aus Thermoplast. Letztere verraten auch die besondere Qualität des Designs: Eine Zeigefinger-

Despite their simplicity, both door handles are easy to grip, thanks to their lightly curved sides. The rgs 2 series design is based on a collaboration between myself and one of my students at the time, Angela Knoop. Then I developed basic shape of the rgs 2 model further in detail until the rgs 3 variations emerged. I think both handles are still good examples for the idea of 'grab and grip'.

As with rgs 1, the structural parts as well as the face of the models rgs 2/ rgs 3 are made of cast aluminium; the grip areas are made of thermoplastic. This reveals the special quality of the design: an indentation for the index finger on the neck of the handle extends the grip. With the variation where the return

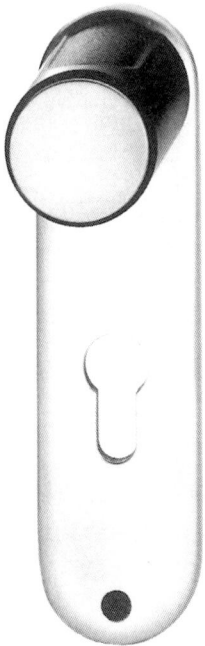

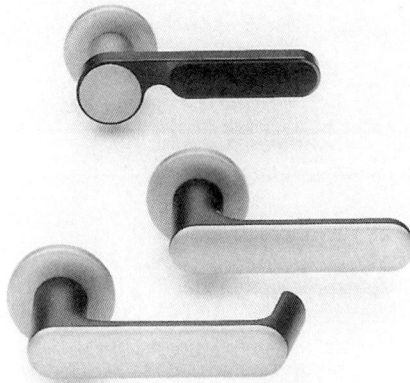

mulde am Türdrückerhals verlängert den Griff. Bei der Variante mit Return zur Tür (rgs 3) mutiert die Zeigefingermulde dann zur Kleinfingermulde.

Die zwei verschiedenen Materialien bieten zusätzlich: Technisch-kühles Metall fürs Auge und grifffreundlichen Thermoplast für die Hand.

faces the door (rgs 3), the index finger indentation mutates into an indentation for the little finger.

The two different materials also offer technically cool metal for the eye and grip-friendly thermoplastic for the hand.

Möbel
Furniture

Vor fast sechs Jahrzehnten habe ich begonnen, Möbelsysteme zu gestalten. Im Laufe der Zeit ist ein vielseitiges, breites Programm entstanden. Es wurde zuerst von Vitsoe & Zapf, dann von Wiese Vitsoe, sdr+ und schließlich von Vitsoe hergestellt.

Viele der Produkte waren lange auf dem Markt. Einige Entwürfe, wie etwa das Regal-

I started designing furniture systems some 60 years ago. Over time a broad and versatile programme has developed. It was produced initially by Vitsoe & Zapf, then Wiese Vitsoe, sdr+ and now by Vitsoe.

Many of the products were on the market for a long time. Some of the designs, such as the 606 shelving system, are well-known.

system 606, wurden weithin bekannt. Eine vollständig aus Aluminium gefertigte Variante dieses Systems wird von De Padua in Mailand vertrieben.

Ich möchte im Rückblick auf diesen wichtigen Bereich meiner gestalterischen Arbeit versuchen, etwas über meine Motive und Überlegungen beim Design von Möbeln zu sagen. Vielleicht noch unmittelbarer als die Braun Geräte sind die Möbel das Ergebnis einer Vorstellung davon, wie die Welt ‚eingerichtet' sein sollte und wie Menschen in dieser artifi-

A version of this system made completely from aluminium is produced by De Padua in Milan.

In looking back on this very important segment of my design work I would like to attempt to explain my motives and considerations whilst designing furniture. My furniture reflects, perhaps even more directly than the Braun products, the results of my ideas about how the world should be 'furnished' and how people could best live in this artificial environment. In this respect, every piece of my

Sesselprogramm 620 (1962): 'Das Design dieses Sessels ist eine persönliche, geistige Schöpfung von hohem ästhetischem Gehalt.' Mit dieser Begründung wurde es im BGH-Urteil vom 10. Oktober 1973 urheberrechtlich geschützt.
620 Lounge chair programm (1962): 'The design of this chair is a personal, original creation of a highly aesthetic value.' This was the court's justification in patenting the design on 10th Oct. 1973.

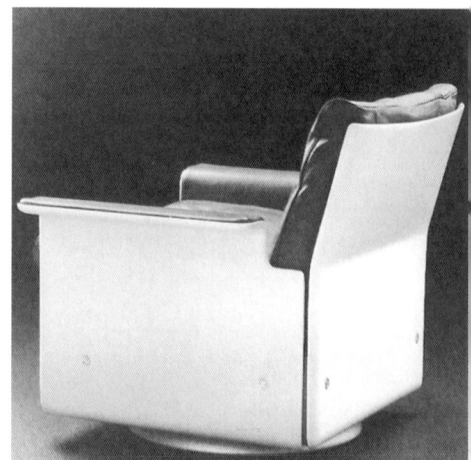

ziellen Umwelt leben könnten. Jedes Möbel-stück ist in diesem Sinne auch ein Welt- und Lebensentwurf. Es spiegelt ein Menschenbild.

Meine Vorstellungen waren in den 1950er-Jahren die eines jungen Mannes, der Diktatur, Krieg, Zerstörung ebenso intensiv erlebt hatte wie die Freiheit, die ersten Jahre des optimistischen Aufbruchs.

furniture is a design for the world and how to live in it. It reflects a view of mankind as I see it.

In the 1950s my beliefs were those of a young man who had experienced dictatorship, war and destruction as intensively as I had experienced the freedom of the first years of an optimistic new beginning.

Um es einmal ganz umfassend zu sagen: Ich hatte in meiner Ausbildung und meiner Arbeit als Architekt Entwürfe für eine neue Einrichtung der Welt kennengelernt, die mich beeindruckten und wiederum zu eigenen Entwürfen ermutigten. Und ich war nicht zuletzt in jener Lebensphase, in der man Vorstellungen davon entwickelt, wie und in welcher Umgebung man selber leben will.

Was war für mich damals, was ist heute die wichtigste Qualität der von mir gestalteten Möbelsysteme?

Ich denke, es ist ihre Einfachheit, ihre Zurückgenommenheit. Ein Regalsystem voller Bücher wird selbst fast unsichtbar. Alle Möbel sind aus der Haltung heraus gestaltet, die ich einmal auf die etwas paradox klingende For-

To put it succinctly: during my training and work as an architect I became acquainted with designs for a new way of furnishing the world. They impressed me, and in turn motivated me to make my own designs. I was also in that phase of life in which one develops one's own ideas about how, and in what kind of environment one wants to live.

What was for me back then, and indeed today, the most important quality to be found in the furniture systems I designed?

I think it is their simplicity, their reserve. A bookcase system full of books becomes, itself, almost invisible. All the furniture pieces are designed from an attitude that I once expressed in the somewhat paradoxical

Stuhlprogramm 622 (1962) für den Arbeitsraum, das Wartezimmer, den Vortragssaal ...
622 Chair programme (1962) for the office, the waiting room, the lecture theatre ...

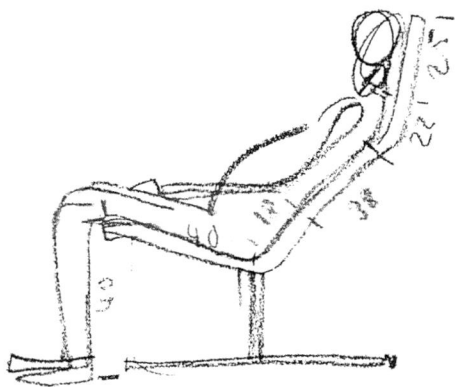

mel gebracht habe: Gutes Design ist möglichst wenig Design. Das Ziel der gestalterischen Reduktion ist dabei keineswegs sterile Kargheit – wie man es mir und verwandt denkenden Designern vorgeworfen hat, sondern die Befreiung von der Dominanz der Dinge. Ich wollte eine Lebensumgebung entwerfen und selber haben, die Freiräume für eine ganz individuelle Gestaltung, für Bewe-

statement: Good design is as little design as possible. The aim of design reduction is by no means the sterile sparseness that I and other like-minded designers have been accused of producing. Instead it is the freedom from the dominance of 'things'. I wanted to design and have for myself a living environment that

Sesselprogramm 601/02 (1960)
601/02 chair programme (1960)

gung, auch für Veränderung schafft. Eine repräsentative, aber ebenso auch eine betont gemütliche Umgebung konnte und kann ich nur als Einschränkung, als Belastung empfinden. Die überwältigende Vielfalt und Vielgestaltigkeit der uns umgebenden Artefakte hat etwas Zerstörerisches.

Bei früherer Gelegenheit habe ich es so formuliert: Mein Ziel ist es, alles Überflüssige wegzulassen, damit das Wesentliche zur Geltung kommt. Die Formen werden ruhig, wohltuend, begreifbar und langlebig. Die Langlebigkeit meiner Möbeldesigns ist auf eine sehr überzeugende Weise deutlich geworden. In ihrer Einfachheit stellen sich die Regale, Korpusse, Tische, Sessel jenseits eines Design, das altern kann, weil es sich nicht dem jeweiligen Zeitgeschmack unterwirft.

created free space that one could configure totally individually, a space for movement and one that permitted change. I found, and still find, representative or emphatically homely environments to be limiting and oppressive. The overwhelming variety and shapes and sizes of the artefacts that surround us have something destructive about them.

I once said that my aim is to leave out everything superfluous in order to allow the essential to come through. The resulting forms will be calm, pleasant, understandable and long-lived. The durability of my furniture designs has become convincingly clear. In their simplicity, the cupboards, tables and chairs are beyond any kind of design that can age because it does not submit to the zeitgeist.

Beistelltische zum Sesselprogramm 620 (1963)
Side table for chair programme 620 (1963)

Tischprogramm 570 und Montagesystem
571/72 (1957).
Table programme 570 and montage system
571/72 (1957)

Sesselprogramm 620 (1962) und Regalsystem
606 (1960)
Lounge chair programme 620 (1962) and
universal shelving system 606 (1960)

Die zweite Qualität, die mir bei allen Möbelentwürfen wichtig war, ist natürlich ihre Brauchbarkeit – in vielen Dimensionen. Die Sessel und Stühle sollen uneingeschränkt entspanntes, bequemes Sitzen ermöglichen. Sie sollen sich gut instandhalten lassen. Sie sollen sich den Wünschen ihrer Besitzer anpassen und wieder verändern lassen, wenn die Bedürfnisse sich ändern. Dazu ge-

The second quality important to me, with all my furniture, is of course its usability – in many dimensions. The armchairs and chairs should facilitate unfettered, relaxed and comfortable sitting. They should be easy to maintain. They should be adaptable to their owners' wishes and changeable when requirements change. In this respect it is vital that this furniture

Garderoben- und Wandplattensystem 610 (1961): Garderoben lassen sich mit diesem Programm ebenso gut gestalten, wie vielseitige Funktionsflächen in Küche oder Bad.
610 Wardrobe/wall panel system (1961): With this programme you can build wardrobes as well as versatile, functional areas in the kitchen or bathroom.

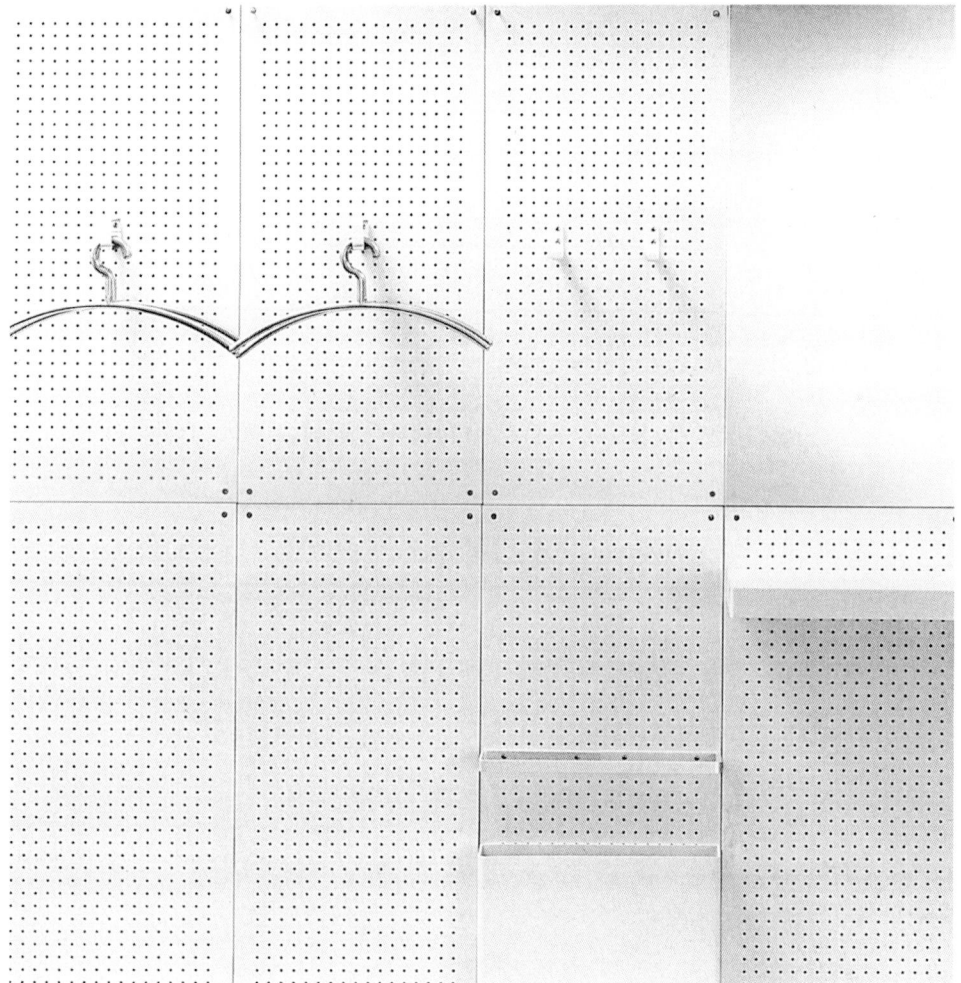

hört auch, dass die Möbel eine gewisse funktionale Neutralität haben – sich also in vielen Bereichen verwenden lassen und nicht speziell als Wohnmöbel, als Möbel für Schlafzimmer, Esszimmer oder als Möbel für das Büro gestaltet sind.

Die meisten meiner Möbel sind als System konzipiert. Systeme mit modularen Elementen

has a degree of functional neutrality. That means the pieces should work in a variety of different situations, not just specifically for the living room, bedroom, dining room or the office.

Most of my furniture has been designed in the form of systems. Systems with modular

Schlafraummöblierung mit Montagesystem 570 (1957)
Bedroom furnished with the 570 montage system (1957)

Konferenztischprogramm 850 (1985):
Kennzeichnend ist eine große Beinfreiheit, da
die Tischfüße stark nach innen versetzt sind. Sie
wurden mit Drehautomatenabfällen gewichtet.

Conference table programme 850 (1985): The
850 conference table programme offered good
legroom thanks to centrally-placed, tubular steel
legs, which were weighted with steel lathe for
greater stability.

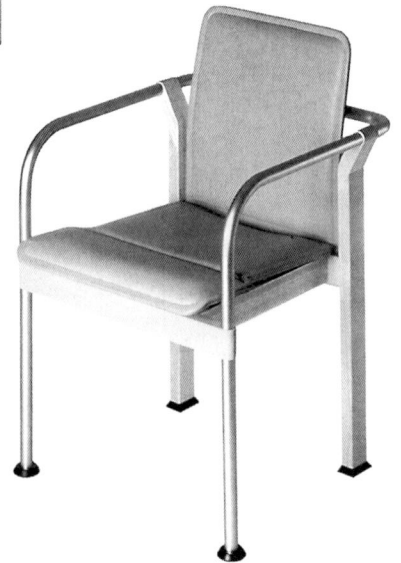

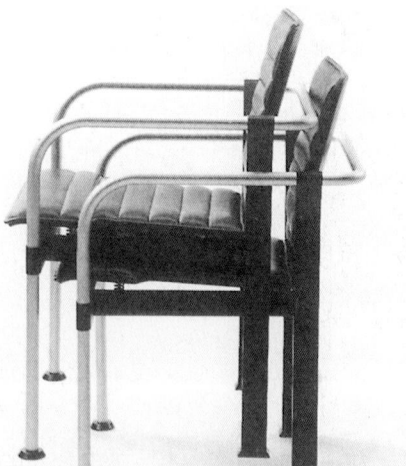

Konferenzstuhl 862 (1986) mit Jürgen Greubel
entworfen
Conference chair 862 (1986) designed with
Jürgen Greubel

erlauben den Aufbau von vielen individuellen Gestalten und geben ihnen Variabilität. Das Regalsystem, das Tischprogramm oder das Wandplattensystem sind besonders anschauliche Beispiele. Aber auch solitär wirkende Produkte wie der Sessel 620 sind Systeme: Alle Elemente wie Seiten- oder Rückenlehnen sind modular gestaltet, leicht lösbar miteinander verbunden, lassen sich austauschen. Sessel können beispielsweise ohne weiteres in einen Zwei-, Drei- oder Mehrsitzer verwandelt werden.

Die Bemühung um Brauchbarkeit, Variabilität und Langlebigkeit macht eine sehr hohe Qualität nötig. Ein Vitsoe Möbelsystem soll wirklich jahrzehntelangen Gebrauch, Erweiterungen, Umbauten, Umzüge schadlos überstehen und kann es auch. Die hohe Qualität führte dann zu Preisen, die diesen eigentlich

elements allow a variety of possible variable set-ups. The shelving system, the table programme and the wall panel system are particularly good examples of this. But even the apparently solitary products, such as the 620 armchair, are systems as well. All the components such as the arm or backrests are designed in a modular way. They are easy to detach, connect, or exchange. An armchair, for example, can be converted without much effort into a sofa seating two, three or even more people.

My endeavours to achieve usability, variety and durability require very high levels of quality. A Vitsoe furniture system should be able to withstand decades of use, extension, alteration and moving without harm – and it can.

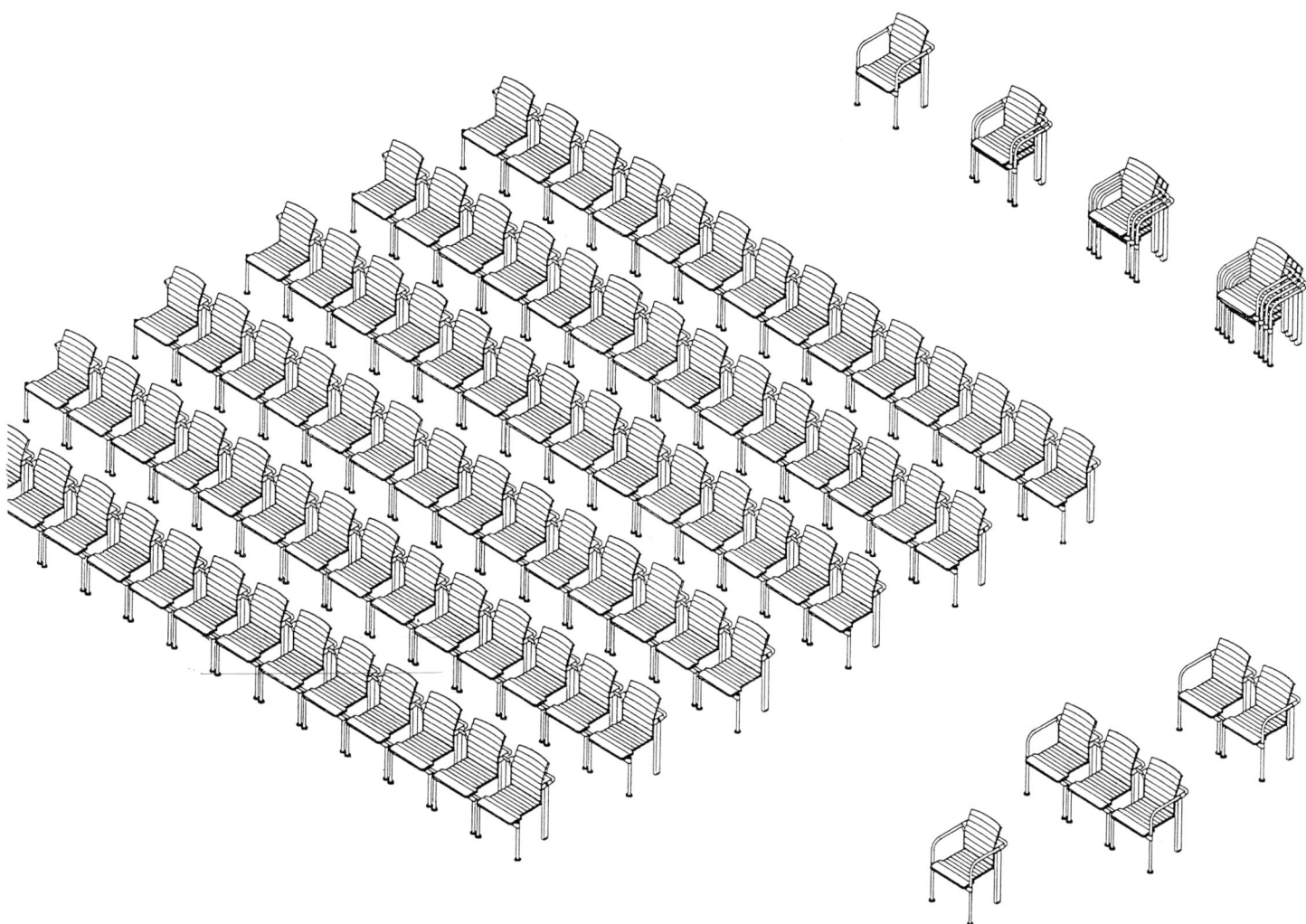

einfachen, unaufwändigen, im Materialeinsatz sparsamen Funktionsmöbeln eine Art von Exklusivität gegeben haben, die nicht intendiert war.

Ich habe mich bei den Möbelentwürfen um eine ästhetische Qualität bemüht, die weder repräsentativ noch dekorativ ist, die nicht beeindrucken will, sondern eine Seite ihrer Brauchbarkeit ist. Sie entsteht durch die Klarheit und Transparenz der Gliederung, durch die Ausgewogenheit der Abmessungen und Proportionen, durch die sorgfältige Behandlung der Oberflächen und nicht zuletzt auch dadurch, dass jedes System bis in die Details, buchstäblich bis zur kleinsten Schraube durchgearbeitet ist. Für mich ist die ästhetische Qualität einer Wohnumgebung, aber auch die eines einzelnen Geräts in der Ruhe begründet, die durch Harmonie entsteht. Sie liegt nicht im Reiz ausgeprägter Formen und Farben.

This high quality has led to prices that have lent these apparently simple, uncomplicated, materially economical, functional furniture objects a degree of exclusivity that was never intended.

With the furniture designs, I tried to achieve an aesthetic quality that is neither representative nor decorative, that doesn't try to impress, but is a part of its own utility. This quality comes from a clarity and transparency of disposition, through the balance of size and proportions, through the painstaking treatment of the surfaces, and not least because each system is thought through to the tiniest detail – literally each and every screw. For me personally, the aesthetic quality of a living environment or a single object is rooted in a calm that comes from harmony, not in the stimuli of pronounced forms and colours.

**Mein Haus
My Home**

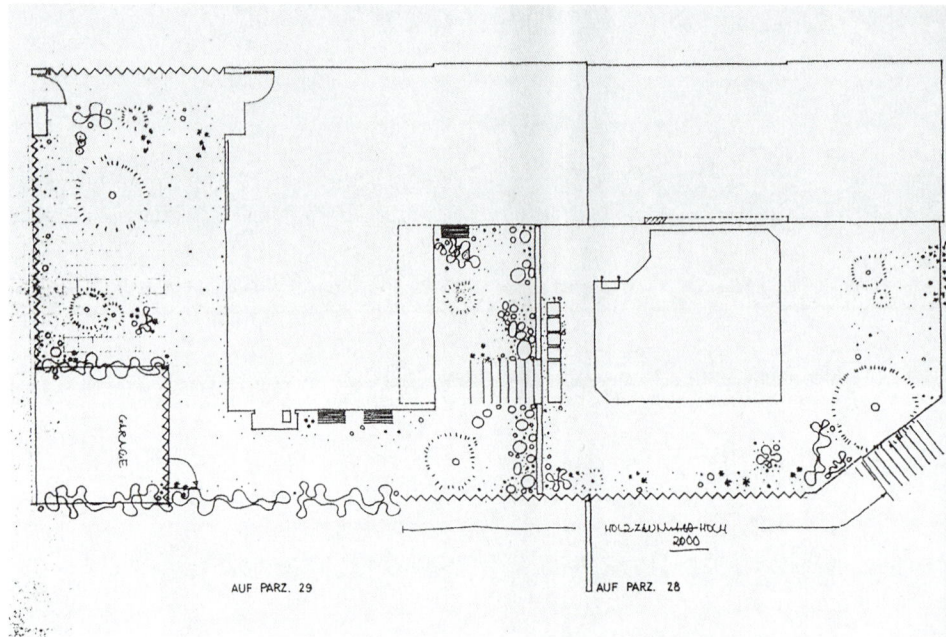

AUF PARZ. 29   AUF PARZ. 28

Mein Haus in Kronberg, am Rande der Wälder des Taunus, ist Teil einer verdichteten Bebauung, auf deren architektonisches Gesamtkonzept ich Einfluss genommen habe. Es ist nach meinen Vorstellungen gestaltet und eingerichtet. Ich lebe hier mit meiner Frau, einer Fotografin, seit 1971. Natürlich wohnen wir mit Vitsoe Möbelsystemen. Zum Einen einfach deshalb, weil ich immer nur die Möbel entworfen habe, die ich auch selber haben wollte. Zum Anderen, um sie im täglichen Gebrauch kennenzulernen und Ansatzpunkte für Weiterentwicklung und Verbesserung zu erkennen. Wo das Vitsoe Programm nicht vollständig ist, habe ich Möbel anderer Hersteller ausgewählt, die aus einer verwandten Haltung heraus gestaltet sind. Beispiele sind die Thonet Stühle am Vitsoe Tisch 720,

My house in Kronberg, bordering the Taunus woodlands, is part of a concentrated housing development that I had originally helped to plan. The house is built and furnished according to my own design and I have lived here with my photographer wife since 1971. It goes without saying that we live with Vitsoe furniture systems; first, because I have only ever designed furniture that I myself would like to have, and second, getting to know the systems in daily use allows me to better recognise where they might be improved or developed further. In instances where the Vitsoe programme is not complete, I have selected furniture from other manufacturers that have been designed from a similar perspective, such as the bent wood 214 Thonet chairs around the Vitsoe 720 table

**Wohnbereich
Living Area**

142

den wir als Esstisch verwenden. Oder die Fritz-Hansen-Hocker, die an der Frühstücksbar zwischen der Küche und dem Zugang zum Wohnbereich stehen.

Den Mittelpunkt des Wohnbereichs bildet eine lockere Gruppe von Sesseln 620 – sozusagen meine Version einer Sitzlandschaft. Es ist ein lebendiger, belebter Bereich mit Blick

that we use for dining, or the Fritz Hansen stools at the breakfast bar between the kitchen and living area.

In the centre of the living room area there is a loose group of 620 armchairs, my version of a seating landscape. It is a lively and much-used area with a view of the garden.

auf den Garten. Hier unterhalten wir uns, sitzen mit Freunden zusammen, lesen, sehen fern. Pflanzen, Bücher, Bilder bestimmen die Atmosphäre. Die Gestaltung der Räume entspricht in hohem Maße der Grundintention meines Design: Einfachheit, Wesentlichkeit, Offenheit. Die Dinge spielen sich nicht auf, setzen sich nicht in Szene, schränken nicht ein, sondern treten zurück. Ihre Reduziertheit,

Here is where we sit together, talk, entertain our friends and watch television. Plants, books and pictures lend atmosphere. The composition of these rooms represents the basic intention behind my design: simplicity, essentiality and openness. The objects do not boast about themselves, take centre stage or restrict, but withdraw into the background.

Arbeitsbereich
Working area

ihre Unaufdringlichkeit geben Raum. Die Ordnung ist nicht eingrenzend, sondern befreiend. In einer Welt, die sich bestürzend schnell füllt, die zerstörerisch vielgestaltig laut und verwirrend ist, hat Design für mich die Aufgabe, leise zu sein, zu einer Ruhe beizutragen, die Menschen zu sich selbst kommen lässt. Die Gegenposition ist ein Design der scharfen Reize, das die Aufmerksamkeit an

Their reduction and unobtrusiveness generate space. The orderliness is not restrictive but liberating. In a world which is filling up at a disconcerting pace, that is destructively loud and visually confusing, design has the task in my view to be quiet, to help generate a level of calm that allows people to return to themselves. The contrary position is a design that strongly stimulates, that wants to draw

Von innen nach außen, von außen nach innen
From within to without, from without to within

sich reißen und starke Emotionen wecken will. Es ist für mich inhuman in dem Sinne, dass es auf seine Art zu dem Chaos beiträgt, das uns verwirrt, betäubt und lähmt.

attention to itself and arouse strong emotions. For me this is inhumane because it adds in its way to the chaos that confuses, numbs and lames us.

In den Räumen meines Hauses kann ich ebenso wie in meinem Arbeitsraum bei Braun meine Wahrnehmung, meine Sensibilität eichen. Ich arbeite oft zu Hause – in einem Raum, der sich wie der Wohnraum zum Garten hin öffnet. Arbeiten bedeutet dabei weniger entwerfen im üblichen Sinne als vielmehr nachdenken, lesen, sprechen. Design ist immer zuallererst Denkarbeit.

Inside my house, just like in my office at Braun, I can adjust my senses and my sensitivity. I often work at home – in a room that opens out on to the garden, just like the living room. Working for me does not mean so much designing in the usual sense of the term, but more contemplation, reading and talking. Design is in the first instance a thinking process.

In der traditionellen japanischen Architektur werden Räume aus einer Haltung heraus gestaltet, die meiner verwandt ist. Die Ästhetik des leeren Raumes mit der klaren, präzisen Gliederung von Boden, Wänden, Decke, mit der Sorgfalt der Gestaltung von Materialien und Strukturen ist um vieles differenzierter als die europäische Ästhetik der Fülle, des Dekors, der lauten Formen.

In traditional Japanese architecture, living spaces are designed from a position that is similar to my own. The aesthetic of an empty room with its clear and precise organisation of floor, walls and ceiling and careful combination of materials and structure is much more sophisticated then the European aesthetic of opulence, pattern and loud forms.

Auch bei der Gestaltung meines relativ klei- nen Gartens habe ich mich von japanischen Gärten anregen lassen. Er ist keine Kopie ei- nes bestimmten japanischen Gartens, son- dern eher eine Hommage an den Geist des japanischen Gartens, eine Übertragung in un- sere Zeit, unsere Landschaft, unser Klima. Die Arbeit im Garten ist für mich ausgesprochen anregend – Designarbeit, die vergleich-

In the design of my relatively small garden, I have allowed myself to be inspired by Japanese gardens. It is not a copy of any specific garden, rather a homage to the es- sence of the Japanese garden, a translation into our time, our landscape and our climate. I find working in the garden stimulating – it is a kind of design work that is comparable with

bar ist mit der Gestaltung eines Raumes, eines Möbelsystems, oder eines Gerätes. Der kleine Pool im Garten ist reizvoll, aber kein Luxus, sondern für mich eine therapeutische Notwendigkeit.

Es mag überraschend sein, dass ich mich als Designer des 20. Jahrhunderts, als Designer von technischen Produkten auch auf Gestal-

designing a room, a furniture system or an appliance. The small swimming pool in the garden is delightful but no luxury, rather a therapeutic necessity for me.

It may seem surprising that I, as a designer of the late twentieth century, as a designer of technical products, also draw inspiration from

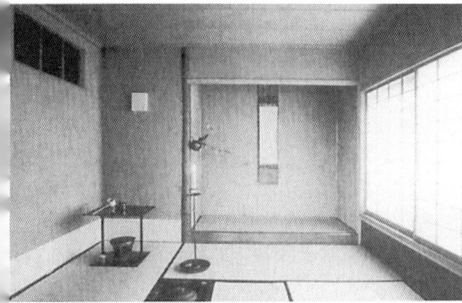

tungskulturen wie die traditionelle japanische Architektur beziehe, ihre Leistungen voller Respekt und Anerkennung sehe. Tatsächlich wäre es aber viel erstaunlicher, wenn in der langen Geschichte der Gestaltung nichts entstanden wäre, das meine Bewunderung findet, von dem ich mich anregen ließe, das mich in meiner Haltung bestärkte.

Die Geschichtslosigkeit vieler Designer ist in meinen Augen eine Schwäche. Ähnlich wie von der alten japanischen Gestaltungskultur fühle ich mich angezogen von der Architektur der Romanik. Das Kloster Eberbach im Rheingau, eine Perle der romanischen Baukunst, liegt nicht weit von meiner Geburtsstadt Wiesbaden entfernt. Ich habe es schon als junger Mensch oft besucht. Eines der großartigsten Bauwerke ist für mich das Castel del Monte des Stauferkaisers Friedrich II.

Auch das Design der Shaker, das ich vor Jahren kennenlernte, beeindruckt mich in seiner Grundhaltung der Einfachheit, der geduldigen Vervollkommnung und des respektvollen Beibehaltens von guten Lösungen.

design cultures such as traditional Japanese architecture and view their achievements with total respect and recognition. But it would be even more surprising if there were nothing in the long history of design that had inspired me or helped strengthen my beliefs. The lack of historic interest in many contemporary designers is, in my view, a weakness.

Just as with the old Japanese design culture, I feel equally drawn to the architecture of the romantic period. The medieval Eberbach Monastery in Rheingau is one of the pearls of Romanesque architecture and lies not far from my native city of Wiesbaden. I visited it often when I was young. Another most exceptional architectural achievement is, in my mind, the octagonal thirteenth-century Castel del Monte in Apulia, Italy, built by the emperor Frederick II of Hohenstaufen.

Years ago I became acquainted with Shaker design, which deeply impressed me with its straightforward approach, its patient perfection and respectful regard for good solutions.

Die Zukunft des Design

The Future of Design

Vortrag anlässlich des 46. internationalen Designer Kongresses, Aspen, Colorado/USA (1993)
Lecture given at the 46th International Designer Congress, Aspen, Colorado/USA (1993)

Was ist Design in den kommenden Jahren? Auf welche Ziele hin, unter welchen Voraussetzungen und nach welchen Kriterien werden Produkte gestaltet? Worin werden die Bedeutung und der Wert des Design liegen? Ein Nachdenken über Design, das die Realität von Morgen sieht und ernst nimmt, ist nötig und hat noch kaum begonnen.

Unsere technisch-industrielle Zivilisation droht, die Lebensmöglichkeiten auf der Erde zu zerstören. Ein tiefgreifender Wandel ist unausweichlich. Vielleicht gibt es aber noch eine Chance, dass dieser Wandel bewusst vollzogen und nicht von Katastrophen erzwungen wird. Und vielleicht können wir erreichen, dass er nicht zu einer Verarmung unseres Lebens führt, sondern es in einem humanen Sinne reicher werden lässt.

Die Krise unserer Produktkultur erzwingt eine neue Ethik des Design: Sein Wert muss in Zukunft daraufhin beurteilt werden, welchen Beitrag es zum Überleben des Lebens insgesamt leistet.

Dieser Beitrag hat großes Gewicht. Design kann zum einen Impulse geben für die ständige Verbesserung der unmittelbaren, materiellen, ökologischen Qualität der Produkte. Und - sehr viel wichtiger – die Gestaltung der Produkte muss zum anderen beitragen zu einer nachhaltigen Verkleinerung der Produktmenge. Das Ziel für die Produktkultur der nächsten Jahrzehnte ist also „weniger, aber besser".

Die ‚Kaufreiz-Ästhetik', von der das Design heute nahezu ausschließlich bestimmt ist, mit der es zum Treibstoff der zerstörerischen Produktverschwendung wurde, hat einer Ästhetik zu weichen, die den sparsamen Langzeitgebrauch von Produkten unterstützt.

Eine gewandelte Produktkultur wird nicht durch Einsicht, guten Willen und Appelle an die Vernunft entstehen. Verhaltensänderungen können – wenn überhaupt – nur durch veränderte Strukturen bewirkt werden.

What will design be in the coming years? According to which goals, requirements and criteria will products be designed? Where will the importance and the values of design lie? A reflection upon design that perceives and takes the realities of tomorrow seriously is sorely needed, yet has hardly begun.

Our technical-industrial civilisation is threatening to destroy the potential for continued life on earth. Far-reaching change is unavoidable. But perhaps there is a chance for this change to be consciously executed rather than forced upon us by catastrophe. And perhaps there's a chance that this change will not lead to an impoverishment of our lives, but will make them richer in a humane sense.

The crisis in our product culture is forcing us to adopt a new design ethic: in the future, the value of design must be judged by its contribution to overall survival.

This contribution is of great importance. Design is capable of providing an impulse towards constant improvements in the immediate material and ecological qualities of a product. And, much more importantly, the design of products has a duty to contribute to a sustainable reduction in the number of products as a whole. Therefore the goal for product culture in the coming decades will be "less, but better".

The 'purchase stimulation' aesthetic that almost completely governs design today, whereby it becomes the fuel for destructive product waste, has to give way to an aesthetic that supports the conservative long-term use of products.

However, a changed product culture will not be achieved by insight, goodwill and appeals for rationality. Changes in behaviour can – if at all – only be effected through structural change.

Ein Beispiel für viele ist die Entwicklung von geschlossenen Kreisläufen bei Gebrauchsgütern. In diesem System bleiben die Produkte Eigentum der Hersteller. Man zahlt nicht für ihren Erwerb als Eigentum, sondern für Verwendung und Service. Nach der Nutzung gehen die Produkte zurück an den Hersteller, werden aufgearbeitet, repariert, wieder an den Verwender gegeben oder recycelt.

Diese Struktur wird eine Verhaltensänderung möglich machen – und damit eine Veränderung des Design. Nicht ein hoher Kaufanreiz wird dann das wichtigste Designziel sein, sondern ein optimaler Langzeit-Gebrauchswert.

Es ist die Aufgabe von Designern, Design-Institutionen und Unternehmen, Ansatzpunkte für solche Strukturänderungen zu finden, zu durchdenken und zu realisieren, beginnend mit experimentellen Projekten, die neue Wege zeigen.

Design, die Gestaltung der Dinge, mit denen wir leben, die Gestaltung unserer Umwelt hat entscheidende Bedeutung. Davon war ich vor 40 Jahren als junger, unbekannter Designer überzeugt. Und heute bin ich es eher noch mehr.

Die Designer und die Unternehmen, die sich um gutes Design bemühen, haben eine Aufgabe: Unsere Welt zu verändern – sie überall dort besser zu gestalten, wo sie heute hässlich, inhuman, störend und zerstörend, Kräfte raubend, belastend, verwirrend ist. In welchem Maße sie das inzwischen ist – von den kleinen Alltagsdingen bis hin zur Gestalt unserer Städte – kann jeder alltäglich erfahren.

Far too much of what is man-made is ugly, inefficient, depressing chaos.

Ich stieß neulich auf ein paar Worte, die mich stark berührten – merkwürdigerweise in einem Comic:
"Phoebe looks down on all this pink houses nested in the gentle hills and valleys of Los Angeles. She reflects upon life: What does it all mean?"

Tatsächlich: Wer von außen auf unsere Welt blickt und sieht, wie wir sie zugerichtet haben, der muss ins Grübeln geraten über den Menschen und das Leben. "What does it all mean?"

One example is the development of closed systems for consumer goods. In these systems the products remain the property of the manufacturers. You don't pay to own them, but to use them and for servicing. After use, the products go back to their producers to be updated, repaired and sent back to their users, or to be recycled.

This structure would enable a behavioural change, and thereby a change in design. The main design goal here would not be to stimulate the consumer to buy, but, rather, optimal long-term use value.

Designers, design institutions and companies have a duty to find starting points for structural changes such as this, to think through, to carry out, to start experimental projects and to demonstrate new paths.

Design, the shaping of things that we live with and the shaping of our environment, is of decisive importance. I was convinced of that 40 years ago as a young, unknown designer, and I am even more convinced of it today.

The designers and companies who strive towards good design have a big task ahead of them: To transform our world – to better design all the aspects that are ugly, inhuman, irritating, destructive, draining, oppressive and confusing. You know as well as I do the huge scope of what we are talking about here – from the smallest everyday objects right up to the shape of our cities.

Far too much of what is man-made is ugly, inefficient, depressing chaos.

Recently I came across a couple of sentences that greatly affected me – strangely enough, they were in a comic book:
"Phoebe looks down on all these pink houses nestled in the gentle hills and valleys of Los Angeles. She reflects upon life: What does it all mean?"

No doubt someone looking at our world from the outside and seeing what we have done to it would ask themselves the same question about humanity and life: "What does it all mean?"

Die Aufgabe des Design hat für mich eine ethische Dimension. Gutes Design ist ein Wert.

The better world that we have to build must be made with moral values in mind.

Diese Haltung unterscheidet sich tiefgreifend von der heute weit verbreiteten, die im De-

The remit of design has an ethical dimension for me. Good design is a value.

The better world that we have to build must be made with moral values in mind.

This approach is very different from the all too widespread attitude that treats design as some kind of light entertainment. According

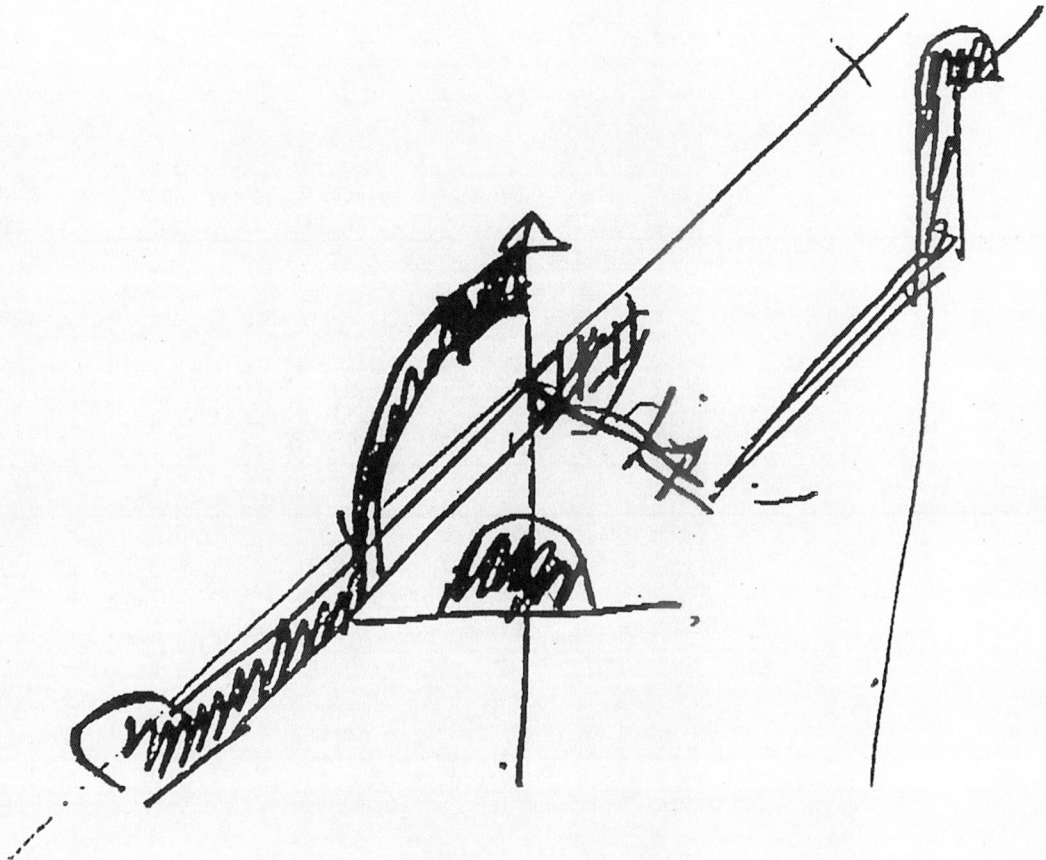

Mit ganz abstrakt wirkenden Skizzen (diese entstand bei der Arbeit an der Studie für eine tragbare Musikanlage auf Seite 103 und 104) ist der Versuch erkennbar, auch gedanklich den Weg in die Zukunft zu finden. Man kann sie auch als ein Zeichen für die herausfordernden Aufgaben sehen, die auf das Design zukommen und die Schwierigkeit, sinnvolle Zukunftslösungen zu finden.
Apparently abstract sketches like this one (which is part of a study for a portable music system, p. 103 and 104) illustrate attempts to think a way into the future. It can be seen as a symbol for the challenging tests that lie ahead for design and for how difficult it is to find future solutions.

sign nur eine Art von Unterhaltungs-Programm sieht. Man muss – so verlangt es dieses heute noch vorherrschende Denken – Produkte, aber auch Musik, Architektur, Werbung, Fernsehshows und was auch immer, so in Form bringen, dass sie bei der Zielgruppe gut ankommen.

Gut ist, was gefällt. Anything goes. Der Triumph der Beliebigkeit. Das ist die fast schon zynische Gleichgültigkeit der Postmoderne gegenüber jeder Wert-Verbindlichkeit.

Unter dieser Flagge segelt vieles, was nur ironisch die aus der Funktion entwickelte Ästhetik der Moderne blamieren und sich um jeden Preis unterscheiden will. Ich habe die Erfahrung gemacht, dass das, was anders ist, um anders zu sein, selten besser – dass aber das, was besser ist, doch fast immer anders ist.

to prevailing opinion, everything, from products to music, architecture, advertising, TV shows or whatever, has to be made to have instant appeal to its target audience.

Good is what appeals. The triumph of 'anything goes'. That is the almost cynical indifference of the postmodern era towards any obligation to values.

This umbrella covers much that, trying to be different at any price, ironically mocks the modern aesthetic that developed from the functional. In my experience, things that are different for difference's sake are seldom better, but things that are better are almost always different.

Viele Menschen haben noch die Vorstellung, dass wir uns in Zukunft alle möglichen Dummheiten leisten können – auch gedankenloses Design. Das Risiko, meinen sie, ist gering. Die Technik von Morgen wird die Schäden ausbügeln.

Ein fataler Irrtum. Er ist gerade bei solchen verbreitet, die der Sprachgebrauch als gebildet bezeichnet. Was lässt diese Bildung so beschränkt sein? Ist es Arroganz? Wahre Bildung ist, wie ich meine, niemals überheblich, sondern bescheiden und damit kritisch, aufmerksam, hellsichtig. Sie erkennt, was falsch ist und dennoch geschieht, aber nicht geschehen dürfte, und sie sieht, was geschehen müsste.

Ich setze auf eine bescheidene, kritische, hellsichtige Vernunft. Wenn wir uns bei Entscheidungen, in denen es ausschließlich oder weitgehend um die Anwendung der Vernunft auf einen konkreten Sachverhalt geht, nicht mit so vielen vorfabrizierten Meinungen, Vorurteilen, sachfremden Erwägungen und irrationalen Befürchtungen herumschlagen müssten, wären wir ein großes Stück weiter.

Es ist schwer, die Moral zu verbessern. Aber es wäre schon viel gewonnen, wenn wir das Denken verbessern könnten. Design ist in allererster Linie ein Denkprozess.

Neue Moderne bedeutet: vernetztes Denken, globales Bewusstsein und Reduzierung von Technologie auf das, was durch Menschen beherrschbar bleibt. In unserer Gesellschaft wird die Entwicklung einer neuen Dimension des Design der Maßstab für die Bewertung der Lebensqualität werden.

Eine konsequente Designanwendung in allen Lebensbereichen setzt eine ebensolche Sensibilisierung aller Öffentlichkeitsbereiche voraus. Erst über die Schaffung von Designverständnis und -akzeptanz auf allen Ebenen der Bevölkerung, stellt sich eine nachhaltige Erhöhung der Lebensqualität und des Lebensnutzens durch Design ein.

Die Arbeit der Designförderungsinstitution „Rat für Formgebung" muss damit im Interesse der Gesamtbevölkerung stehen. Sie reflektiert gleichzeitig ein gesamtpolitisches Interesse an der konstanten Qualität unserer Auseinandersetzung mit den Themen gestalteter Umwelt.

Many people still believe that we can afford all sorts of foolishness – including thoughtless design. They think that the risks involved are small and that tomorrow's technologies will straighten out the damage.

A fatal misapprehension found commonly amongst those that are generally considered to be educated. Why is their education so limited? Is it arrogance? Someone who is truly educated is, in my understanding, never arrogant, but modest and at the same time critical, attentive and perceptive. They recognise what is wrong, that which happens anyway but shouldn't be allowed to, and they see what has to happen.

I want to throw in my lot with modest, critical, perceptive reason. If, when we make decisions that are exclusively or primarily concerned with the use of reason in a specific circumstance, we didn't have to struggle with so many prefabricated opinions, preconceptions, irrelevant considerations or irrational fears, that would be a big step forward.

It is difficult to improve morals. But it would be a tremendous achievement if we could improve thinking. Design is first and foremost a thinking process.

The "new modern" means networked thinking, global awareness and the reduction of technology to what we can control. The development of a new dimension for design in our society will provide the benchmark with which we evaluate our quality of life.

The consistent application of design to all areas of life presupposes an appropriate sensitisation in all areas of public life. Only when we create an understanding and acceptance of design in all levels of society will a sustainable improvement in living and the quality of life through design be possible.

The work of the institution for design promotion called the German Design Council must stand up for this in the interest of the entire population. At the same time it has to reflect a political interest in maintaining the quality of engagement with our designed environment.

Hierfür bedarf es der Unterstützung seitens der Unternehmen, der Bundesregierung, aller Ministerien und aller politischen Kräfte, um auf die Belange der Industrie, der Medien und der Bevölkerung im In- und Ausland effizient eingehen zu können. Dies betrifft sowohl Aufgaben der Wirtschaftsförderung durch Design, Aufgaben der Designpromotion im Ausland wie auch die Arbeit der Designförderung im Inland.

Im Zeitalter der Hochtechnologie wird das Design mit vielen Herausforderungen einer ganz neuen Art konfrontiert. Eine zunehmende Symbiose von Ökonomie und Ökologie entsteht und wir müssen material- und zeitintensive Produktionsweisen reduzieren.

This will require the support of the manufacturers, the government, all the ministries and all political powers to efficiently meet the needs of industry, media and the population at home and abroad. This pertains to their responsibilities and duties towards business development through design and design promotion abroad as well as support for design development at home.

In this age of high technology, design will be confronted with many completely new challenges. There is a growing symbiosis between economics and ecology and we need to reduce both material and time-intensive production methods.

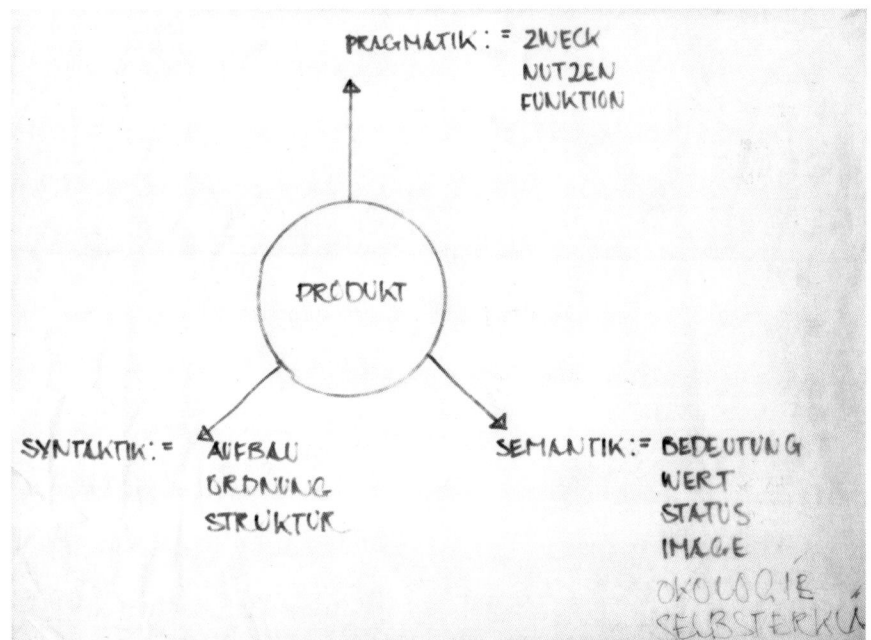

Wie wir aus dieser Wettbewerbssituation herausgehen werden, wird in Zukunft im Wesentlichen durch eine Steigerung der Leistungsfähigkeit in den Bereichen der nationalen und europäischen Volkswirtschaft, der Innovationsförderung und Technologieentwicklung sowie der Entwicklung tragender Ökologiekonzepte bestimmt. Dabei kann das Design in allen genannten Bereichen einen wesentlichen Beitrag leisten und eine entscheidende Funktion übernehmen. Voraussetzung hierfür ist aber die Schaffung einer wirksamen, gemeinsam getragenen Politik der Designentwicklung in Europa. Dabei sind insbesondere auch die Staaten Osteuropas in zukünftige Handlungskonzepte mit einzubeziehen.

How we emerge from this new form of competition will be determined in the future by an increase in productive efficiency in the areas of national and European economics, investment in innovation and technological development as well as the development of viable ecological concepts. Design can make a significant contribution and take on a decisive role in all these areas. A prerequisite for this is the creation of an effective and joint political plan for design development in Europe that should include, in particular, the former eastern European nations in future concepts.

Die Designer der im Buch gezeigten Produkte

Eine absolute Zuordnung des jeweiligen Designers zum Produkt ist häufig nicht exakt zu definieren, da die Entwürfe oft von mehreren Designern weiterbearbeitet wurden.

Designers of products featured in this book

It is not always possible to single out an individual designer as author of a specific product, since frequently two or more designers would work on its development at various stages.

Seite / page		
10	SK 4	Hans Gugelot, Dieter Rams
23	SK 4	Hans Gugelot, Dieter Rams
23	transistor 1, PC 3	Dieter Rams
23	atelier 1, L 1, studio 2	Dieter Rams
23	LE 1, L 2, TP 1, T 4	Dieter Rams
23	T 41, T 52	Dieter Rams
24	KM 3, MX 3, MP 3	Gerd A. Müller
24	combi	Dieter Rams, Gerd A. Müller
24	SM 3	Gerd A. Müller
24	PA 1, EF 2, F 60, H 1	Dieter Rams
28	SK 4	Hans Gugelot, Dieter Rams
29	RT 20	Dieter Rams
30	atelier 1, L 1	Dieter Rams
31	KM 3, MX 3, MP 3, M 1	Gerd A. Müller
31	PA 1	Dieter Rams
32	T 41, P 1	Dieter Rams
33	T 3/31, T 4, T 41	Dieter Rams
34	H 1, T 521, T 22	Dieter Rams
35	studio 2, LE 1	Dieter Rams
36	CS 11, CV 11, CE 11	Dieter Rams
37	LE 1	Dieter Rams
38	audio 1	Dieter Rams
39	Designstudie TV	Dieter Rams
40	TS 45, TG 60, L 450	Dieter Rams
41	audio 2, TG 60, FS 600	Dieter Rams
42	studio 1000, TG 1000	Dieter Rams
43	HiFi-Ela-Anlage	Dieter Rams
43	Designstudie Oszillog.	Dieter Rams
44	Lectron	Dieter Rams, Jürgen Greubel
44	Designstudie 'Der Weg zum Kopf'	Dieter Rams, Jürgen Greubel
45	Lectron	Dieter Rams, Jürgen Greubel
46	T 2000	Dieter Rams
46	T 1000	Dieter Rams
47	SM 2150	Peter Schneider, Peter Hartwein
47	PC 1, RS 1	Dieter Rams
48	P 4, C 4, CD 4	Peter Hartwein
49	atelier Anlage	Peter Hartwein
49	GS, AF 1	Peter Hartwein
52	D 40	Dieter Rams
52	D 300	Robert Oberheim
53	EF 2	Dieter Rams
53	Vario 2000	Robert Oberheim
53	F 900	Robert Oberheim
53	F 1000	Dieter Rams
54	Nizo Kameras	Robert Oberheim
55	Nizo S 1, FP 25	Robert Oberheim
56	Nizo 6080	Peter Schneider
56	FP 1	Dieter Rams, Robert Oberheim
57	Visacustic 1000	Peter Hartwein
57	Nizo integral	Peter Schneider
58	T 2	Dieter Rams
58	F 1, linear	Dieter Rams
59	domino	Dieter Rams
60	KF 145	Hartwig Kahlcke
61	regie 308°	Dieter Rams
62	HT 95	Ludwig Littmann
62	domino T 3	Dieter Rams
63	T 520	Dieter Rams
63	phase 1	Dieter Rams
63	cassett	Florian Seiffert
63	HLD 4	Dieter Rams
63	domino set	Dieter Rams
78	KF 20	Florian Seiffert
79	KF 40	Hartwig Kahlcke
80	AromaSelect	Roland Ullmann
81	Tassen-Set, Studie	Dieter Rams, Florian Seiffert
82	E 300	Ludwig Littmann
83	UK 1	Hartwig Kahlcke
83	KM 32	Gerd A. Müller, Robert Oberheim
83	MR 30	Ludwig Littmann
84	K 1000	Ludwig Littmann
86	Multiquick 350	Ludwig Littmann

Seite / page		
87	MultiMix M 880	Ludwig Littmann
90	MPZ 5	Ludwig Littmann
90	MPZ 7	Ludwig Littmann
91	vario 5000	Ludwig Littmann
92	micron vario 3	Roland Ullmann
95	Flex Control 4550	Roland Ullmann
95	exact 5	Roland Ullmann
95	pocket de luxe traveller	Roland Ullmann
95	Wet & Dry, Rasierer für Japan-Markt	Jürgen Greubel, Dieter Rams, Roland Ullmann
96	P 1500/PE 1500	Robert Oberheim
96	PA 1250	Robert Oberheim
96	HLD 1000	Jürgen Greubel
97	TCC 30	Robert Oberheim
97	GCC	Robert Oberheim
97	LS 34	Robert Oberheim
98	Plak Control OC 5545S	Peter Hartwein
99	funktional	Dietrich Lubs
99	phase 3	Dieter Rams
99	ABK 30	Dietrich Lubs
100	DB 10 fsl	Dietrich Lubs
100	ABR 21	Dieter Rams, Dietrich Lubs
101	ET 88	Dietrich Lubs
101	AW 15/20/30/50	Dietrich Lubs
102	Studie Uhrenradio, Solar	Peter Schneider
103	Studie Uhrenradio	Peter Schneider
103	Studie portable Musikanlage 'outdoor'	Dieter Rams
105	Studie HiFi-Anlage 'telecompakt'	Peter Hartwein
106	Studie HiFi-Anlage 'Audio Additiv Programm'	Roland Ullmann
109	Studie Weltempfänger	Dieter Rams
110	Studie miniaturisierter Weltempfänger	Dieter Rams
111	Studie Tischsuper	Dieter Rams
111	Studie Uhr für öffentlichen Platz	Dieter Rams, Dietrich Lubs
112	Manulux	Max Braun
112	Studie gasbetriebene Taschenlampe	Ludwig Littmann
113	Studie Tischleuchte mit flexibler Befestigung	Dieter Rams
113	Studie Tischleuchte für Kaltlicht-Sparlampe	Dieter Rams
113	Studie Radio-Digitaluhr	Dieter Rams, Dietrich Lubs
114	Studie Lüfter	Peter Schneider
114	Studie Kosmetik für Trockenrasierer	Dieter Rams
115	Studie Lufthansa Bordgeschirr	Peter Schneider, Andreas Hackbarth, Dieter Rams[*]
116	Studie Schreibgeräte	Dieter Rams, Hartwig Kahlcke, Dietrich Lubs
117	Jafra Kosmetik	Peter Schneider, Jürgen Greubel, Dieter Rams[*]
118	Injektionsgerät für Hoechst AG	Peter Schneider, Jürgen Greubel
118	Gillette sensor	beeinflusst durch Dieter Rams
118	Zahnbürsten Oral-B	Peter Schneider, Jürgen Greubel, Dieter Rams[*]
119	Telefon Siemens	Peter Schneider, Jürgen Greubel, Dieter Rams[*]
128	Distributionszentrum Altfeld	Das Braun Designteam hatte
129	Verwaltungsgebäude Kronberg	bei der Gestaltung der Architektur entscheidenden Einfluss
140	Vitsoe Konferenzstuhl	Dieter Rams, Jürgen Greubel

[*] Als Leiter der Braun-Produktgestaltung organisatorisch und konzeptionell mitbeteiligt. / Conceptually and logistically involved as director of Braun's product design.